企业级 DevOps实战

吴光科 郭静伟 徐金刚 编著

清华大学出版社
北京

内 容 简 介

本书从实用的角度出发，详细介绍了DevOps相关的理论与应用知识，包括Zookeeper服务及MQ服务、Ceph企业级分布式存储实战、Hadoop分布式存储企业实战、Mesh及Service Istio服务治理、企业级DevOps应用实战、部署流水线与DevOps主流工具。

本书免费提供与书中内容相关的视频课程讲解，以指导读者深入地进行学习，详见前言中的说明。

本书既可作为高等学校计算机相关专业的教材，也可作为系统管理员、网络管理员、Linux运维工程师及网站开发、测试、设计人员等的参考用书。

图书在版编目（CIP）数据

企业级DevOps实战 / 吴光科，郭静伟，徐金刚编著. —北京：清华大学出版社，2023.5
（Linux开发书系）
ISBN 978-7-302-63324-2

Ⅰ. ①企… Ⅱ. ①吴… ②郭… ③徐… Ⅲ. ①软件工程 Ⅳ. ①TP311.5

中国国家版本馆CIP数据核字（2023）第060512号

责任编辑：刘 星
封面设计：李召霞
责任校对：李建庄
责任印制：宋 林

出版发行：清华大学出版社
网　　址：http://www.tup.com.cn, http://www.wqbook.com
地　　址：北京清华大学学研大厦A座　　**邮　　编**：100084
社 总 机：010-83470000　　**邮　　购**：010-62786544
投稿与读者服务：010-62776969，c-service@tup.tsinghua.edu.cn
质 量 反 馈：010-62772015，zhiliang@tup.tsinghua.edu.cn
课 件 下 载：http://www.tup.com.cn，010-83470236
印 装 者：北京同文印刷有限责任公司
经　　销：全国新华书店
开　　本：186mm×240mm　　**印　　张**：12.25　　**字　　数**：232千字
版　　次：2023年6月第1版　　**印　　次**：2023年6月第1次印刷
印　　数：1～2000
定　　价：69.00元

产品编号：101571-01

前言

PREFACE

Linux是当今三大操作系统（Windows、macOS、Linux）之一，其创始人是林纳斯·托瓦兹[①]。林纳斯·托瓦兹21岁时用4个月的时间首次创建了Linux内核，于1991年10月5日正式对外发布。Linux系统继承了UNIX系统以网络为核心的思想，是一个性能稳定的多用户网络操作系统。

20世纪90年代至今，互联网飞速发展，IT引领时代潮流，而Linux系统是一切IT的基石，其应用场景涉及方方面面，小到个人计算机、智能手环、智能手表、智能手机等，大到服务器、云计算、大数据、人工智能、数字货币、区块链等领域。

为什么写《企业级DevOps实战》这本书？这要从我的经历说起。我出生在贵州省一个贫困的小山村，从小经历了砍柴、放牛、挑水、做饭，日出而作、日落而归的朴素生活，看到父母一辈子都生活在小山村里，没有见过大城市，所以从小立志要走出大山，要让父母过上幸福的生活。正是这样的信念让我不断地努力。大学毕业至今，我在“北漂”的IT运维路上已走过了十多年：从初创小公司到国有企业、机关单位，再到图吧、研修网、京东商城等IT企业，分别担任过Linux运维工程师、Linux运维架构师、运维经理，直到现在创办的京峰教育培训机构。

一路走来，很感谢生命中遇到的每一个人，是大家的帮助，让我不断地进步和成长，也让我明白了一个人活着不应该只为自己和自己的家人，还要考虑到整个社会，哪怕只能为社会贡献一点点价值，人生就是精彩的。

为了帮助更多的人通过技术改变自己的命运，我决定和团队同事一起编写这本书。虽然市面上关于Linux的书籍有很多，但是很难找到一本包含Zookeeper服务及MQ服务、Ceph企业级分布式存储实战、Hadoop分布式存储企业实战、Mesh及Service Istio服务治理、企业级DevOps应用实战、部署流水线与DevOps主流工具等内容的详细、全面的主流技术书籍，这就是编写本书的初衷。

---

① 创始人全称是Linus Benedict Torvalds（林纳斯·本纳第克特·托瓦兹）。

配套资源

- 程序代码、面试题目、学习路径、工具手册、简历模板等资料，请扫描下方二维码下载或者到清华大学出版社官方网站本书页面下载。

配套资源

- 作者精心录制了与 Linux 开发相关的视频课程（3000 分钟，144 集），便于读者自学，扫描封底“文泉课堂”刮刮卡中的二维码进行绑定后即可观看（注：视频内容仅供学习参考，与书中内容并非一一对应）。

虽然已花费了大量的时间和精力核对书中的代码和内容，但难免存在纰漏，恳请读者批评指正。

吴光科

2023 年 4 月

致 谢

ACKNOWLEDGEMENT

感谢 Linux 之父 Linus Benedict Torvalds，他不仅创造了 Linux 系统，还影响了整个开源世界，也影响了我的一生。

感谢我亲爱的父母，含辛茹苦地抚养我们兄弟三人，是他们对我无微不至的照顾，让我有更多的精力和动力去工作，去帮助更多的人。

感谢感谢潘彦伊、周飞、王志军、谭陈诚、王振、杨浩鹏、张德、刘建波、金鑫、石耀文、梁凯、彭浩、唐彪、余伟斌、焦振楠及其他挚友多年来对我的信任和鼓励。

感谢腾讯课堂所有的课程经理及平台老师，感谢 51CTO 学院院长一休及全体工作人员对我及京峰教育培训机构的大力支持。

感谢京峰教育培训机构的每位学员对我的支持和鼓励，希望他们都学有所成，最终成为社会的中流砥柱。感谢京峰教育培训机构 COO 蔡正雄，感谢京峰教育培训机构的辛老师、朱老师、张老师、关老师、兮兮老师、小江老师、可馨老师等全体老师和助教、班长、副班长，是他们的大力支持，让京峰教育能够帮助更多的学员。

最后要感谢我的爱人黄小红，是她一直在背后默默地支持我、鼓励我，让我有更多的精力和时间去完成这本书。

吴光科

2023 年 4 月

目录

CONTENTS

第1章 Zookeeper服务及MQ服务

1.1 Zookeeper概念

Zookeeper（动物管理员）是一个开源的分布式协调服务，目前由 Apache 进行维护。Zookeeper基于Java语言开发，用于实现分布式系统中常见的发布/订阅、负载均衡、命令服务、分布式协调/通知、集群管理、Master选举、分布式锁和分布式队列等功能。Zookeeper具有以下5个特性。

（1）顺序一致性。客户端发起的事务请求，最终都会严格按照其发起顺序被应用到Zookeeper中。

（2）原子性。所有事务在整个集群中所有机器上的处理结果都是一致的，不存在一部分机器应用了该事务，而另一部分没有应用的情况。

（3）单一视图。所有客户端看到的服务端数据都是一致的。

（4）可靠性。一旦服务端成功应用了一个事务，其引起的改变就会一直保留，直到被另外一个事务所更改。

（5）实时性。一旦一个事务被成功应用，客户端就可以立即读取到这个事务变更后最新状态下的数据。

1.2 Zookeeper用途

Zookeeper致力于为高吞吐的大型分布式系统提供一个高性能、高可用，且具有严格顺序访问控制能力的分布式协调服务。Zookeeper 具有以下 4 个用途。

1. 简单的数据模型

Zookeeper 通过树形结构存储数据，它由一系列被称为 ZNode 的数据节点组成，类似于常见的文件系统。不过与常见的文件系统不同的是，Zookeeper 将数据全量存储在内存中，以此来提高吞吐量，减少访问延迟。

2. 构建集群

由一组 Zookeeper 服务构成 Zookeeper 集群，集群中每台机器都会单独在内存中维护自身的状态，并且每台机器之间都保持着通信。只要集群中有半数机器能够正常工作，那么整个集群就可以正常提供服务。

3. 顺序访问

对于来自客户端的每个事务请求，Zookeeper 都会为其分配全局唯一的递增 ID，这个 ID 反映了所有事务请求的先后顺序。

4. 实现高性能高可用

Zookeeper 将数据全量存储在内存中以保持高性能，并通过搭建服务集群来实现高可用。由于 Zookeeper 的所有更新和删除都是基于事务的，所以其在读多写少的应用场景中有着出色的性能表现。

1.3 Zookeeper 集群角色

Zookeeper 集群中的机器有以下 3 种角色。

（1）Leader：为客户端提供读/写服务，并维护集群状态。Leader 是由集群选举产生的。

（2）Follower：为客户端提供读/写服务，并定期向 Leader 汇报自己的节点状态。同时参与“过半写成功”策略和 Leader 的选举。

（3）Observer：为客户端提供读/写服务，并定期向 Leader 汇报自己的节点状态，但不参与“过半写成功”策略和 Leader 的选举，因此成为 Observer 的节点可以在不影响写性能的情况下提升集群的读性能。

1.4　Zookeeper 应用场景

1.4.1　数据的发布/订阅系统

数据的发布/订阅系统通常也用作配置中心。在一个分布式系统中可能有成千上万个服务节点，当想要对所有服务的某项配置进行更改时，由于数据节点过多，逐台修改是不可行的，所以应该在设计时采用统一的配置中心。之后发布者只需要将新的配置发送到配置中心，所有服务节点自动下载并更新，即可实现配置的集中管理和动态更新。

Zookeeper 通过 Watcher 机制可以实现数据的发布和订阅。分布式系统的所有的服务节点可以对某个 ZNode 注册监听，之后只需要将新的配置写入该 ZNode，所有服务节点都会收到该事件。

1.4.2　命名服务

在分布式系统中，通常需要一个全局唯一的名字，如生成全局唯一的订单号等，Zookeeper 可以通过顺序节点的特性生成全局唯一 ID，从而可以对分布式系统提供命名服务。

1.4.3　Master 选举

分布式系统中的重要模式之一就是主从模式（Master/Salves），Zookeeper 可以参与该模式下的 Master 选举。Master 选举是指让所有服务节点竞争性地创建同一个 ZNode，由于 Zookeeper 不能有路径相同的 ZNode，因此必然只有一个服务节点能够创建成功。创建成功的 ZNode 节点就可以成为 Master 节点。

1.4.4　分布式锁

通过 Zookeeper 的临时节点和 Watcher 机制可以实现分布式锁，这里以排他锁为例进行说明。

分布式系统的所有服务节点可以竞争性地创建同一个临时 ZNode，但只有一个服务节点能够创建成功，此时可以认为该服务节点获得了锁。其他没有获得锁的服务节点在该临时 ZNode 上注册监听，当锁释放时再竞争锁。锁的释放情况有以下两种。

（1）在正常执行完业务逻辑后，服务节点主动将临时 ZNode 删除，此时锁被释放。

（2）当获得锁的服务节点发生宕机时，临时 ZNode 会被自动删除，此时认为锁被释放。

在锁被释放后，其他服务节点则再次竞争性地获取锁（即创建临时 ZNode），但每次只有一个服务节点能获取到，这就是排他锁。

1.4.5 其他

Zookeeper 还能解决大多数分布式系统中的问题，如可以通过创建临时节点建立心跳检测机制。如果分布式系统的某个服务节点宕机了，则其持有的会话会超时，此时该临时节点会被删除，相应的监听事件就会被触发。

分布式系统的每个服务节点还可以将自己的节点状态写入临时 ZNode，从而完成状态报告或节点工作进度汇报。

通过数据的订阅和发布功能，Zookeeper 还能对分布式系统进行模块的解耦和任务的调度。通过监听机制，还能对分布式系统的服务节点进行动态上线、下线，从而实现服务的动态扩容。

1.5 Zookeeper 单实例实战

Zookeeper 部署需要配置 JDK（Java Development Kit）工具环境，JDK 是 Java 语言的软件开发工具包（SDK），此处采用 JDK 8.0 版本。

（1）在 Linux 系统中安装部署 JDK 工具环境，命令行的操作命令如下（部分操作步骤及说明省略）：

```
tar -xzf jdk1.8.0_131.tar.gz
mkdir -p /usr/java/
\mv jdk1.8.0_131 /usr/java/
ls -l /usr/java/jdk1.8.0_131/
```

（2）配置 Java 的环境变量。在命令行输入 vi /etc/profile 操作命令，在其中加入如下代码：

```
export JAVA_HOME=/usr/java/jdk1.8.0_131/
export CLASSPATH=$CLASSPATH:$JAVA_HOME/lib:$JAVA_HOME/jre/lib
export PATH=$JAVA_HOME/bin:$JAVA_HOME/jre/bin:$PATH:$HOME/bin
```

（3）使环境变量立刻生效，同时查看 Java 版本。如果显示版本信息，则证明安装成功，操作命令如下：

```
source  /etc/profile
java  -version
```

（4）部署 Zookeeper 单实例，此处选择手工自定义部署。操作命令如下：

```
#从官网下载 Zookeeper 软件包
wget -c https://mirrors.tuna.tsinghua.edu.cn/apache/zookeeper/stable/
apache-zookeeper-3.6.3-bin.tar.gz
#解压缩 Zookeeper 软件包
tar -xzvf apache-zookeeper-3.6.3-bin.tar.gz
#创建 Zookeeper 部署目录
mkdir -p /usr/local/zookeeper/
#将解压缩程序移动至 Zookeeper 部署目录
mv apache-zookeeper-3.6.3-bin/* /usr/local/zookeeper/
#查看 Zookeeper 是否部署成功
ls -l /usr/local/zookeeper/
#复制默认模板配置文件
cd /usr/local/zookeeper/conf/
\cp zoo_sample.cfg zoo.cfg
#启动 Zookeeper 软件服务
/usr/local/zookeeper/bin/zkServer.sh start
#查看 Zookeeper 服务的进程和端口
ps -ef|grep -ai zookeeper
netstat -tnlp|grep -aiwE 2181
#启动 Zookeeper 客户端命令行
/usr/local/zookeeper/bin/zkCli.sh
#创建测试信息
/usr/local/zookeeper/bin/zkCli.sh
help
create /jfedu
ls /
set /jfedu www.jd.com
get /jfedu
```

1.6 Zookeeper 分布式集群实战

1.6.1 Zookeeper 分布式集群

Zookeeper 集群通常采用 3 个节点来部署，为什么要选择 3 个节点呢？

Zookeeper 集群通常是为用户的分布式应用程序提供协调服务的。在每个节点数据保持一致的情况下，Zookeeper 集群可以保证，对于客户端发起的每次查询操作，集群节点都能返回同样的结果。但是对于客户端发起的插入、更新、删除等修改数据的操作呢？集群中那么多个节点，你修改你的，我修改我的，最后应该返回集群中哪个节点的数据呢？

此时集群节点就像一盘散沙，需要一个领导，于是集群角色 Leader 的作用就体现出来了。只有 Leader 才有权发起修改数据的操作，而 Follower 即使接收到了客户端发起的修改数据的操作，也要将其转交给 Leader 处理；Leader 在接收到修改数据的请求后，会向所有 Follower 广播一条消息，让它们执行修改数据操作；Follower 执行完后，便会向 Leader 发送确认消息。

当 Leader 收到半数以上的 Follower 的确认消息，便会判定该操作执行完毕，然后向所有 Follower 广播该操作已经生效。所以 Zookeeper 集群中 Leader 是不可缺少的，但是 Leader 是怎么产生的呢？其实就是由所有 Follower 选举产生的，而且 Leader 只能有一个（就像一个国家不能有多个总统）。

1.6.2 Zookeeper 分布式集群节点设置

Zookeeper 集群节点数只能是奇数，为什么呢？下面从容错率和防脑裂方面说明。

1. 容错率

从容错率方面来说，集群需要保证至少有半数节点能进行投票。2 台服务器，至少 2 台正常运行才行（2 的半数为 1，半数以上最少为 2），正常运行 1 台服务器都不允许挂掉，但是相对于单节点服务器，2 台服务器还有两个单点故障，所以直接排除了。

3 台服务器，至少 2 台正常运行才行（3 的半数为 1.5，半数以上最少为 2），正常运行可以允许 1 台服务器挂掉。

4 台服务器，至少 3 台正常运行才行（4 的半数为 2，半数以上最少为 3），正常运行可以允许 1 台服务器挂掉。

5 台服务器，至少 3 台正常运行才行（5 的半数为 2.5，半数以上最少为 3），正常运行可以允许 2 台服务器挂掉。

2. 防脑裂

在节点之间通信不可达的情况下，集群会分裂成不同的小集群，小集群会各自选出自己的 Leader，导致原有的集群出现多个 Leader 的情况，这就是“脑裂”。

3 台服务器，投票选举半数为 1.5，1 台服务器裂开，和另外 2 台服务器无法通行，这时候

2 台服务器的集群（2 票大于半数 1.5 票），所以可以选举出 Leader，而 1 台服务器的集群无法选举。

4 台服务器，投票选举半数为 2，可以分成 1、3 两个集群或者 2、2 两个集群，对于 1、3 集群，3 集群可以选举；对于 2、2 集群，则不能选择，造成没有 Leader 节点。

5 台服务器，投票选举半数为 2.5，可以分成 1、4 两个集群，或者 2、3 两个集群，这两个集群分别都只能在一个集群中选举，满足 Zookeeper 集群搭建数目。

以上从容错率及防脑裂两方面说明了为什么 Zookeeper 集群节点数只能是奇数。其中，搭建集群的最少节点数目是 3，当有 4 个节点时会造成集群没有 Leader。

1.6.3 Zookeeper 分布式集群部署实战

Zookeeper 部署需要配置 JDK 环境，JDK（Java Development Kit）是 Java 语言的软件开发工具包（SDK），此处采用 JDK 8.0 版本，配置 Java 环境变量。

（1）安装部署 JDK 工具，操作命令如下：

```
tar -xzf jdk1.8.0_131.tar.gz
mkdir -p /usr/java/
\mv jdk1.8.0_131 /usr/java/
ls -l /usr/java/jdk1.8.0_131/
```

（2）配置 Java 环境变量，在命令行输入 vi /etc/profile 命令，执行后加入如下代码：

```
export JAVA_HOME=/usr/java/jdk1.8.0_131/
export CLASSPATH=$CLASSPATH:$JAVA_HOME/lib:$JAVA_HOME/jre/lib
export PATH=$JAVA_HOME/bin:$JAVA_HOME/jre/bin:$PATH:$HOME/bin
```

（3）使环境变量立刻生效，同时查看 Java 版本，如果显示版本信息，则证明安装成功。

```
source  /etc/profile
java  -version
```

（4）基于二进制 Tar 包部署 Zookeeper 集群，在 3 台服务器上执行如下安装步骤：

```
#从官网下载 Zookeeper 软件包
wget -c https://mirrors.tuna.tsinghua.edu.cn/apache/zookeeper/stable/
apache-zookeeper-3.6.3-bin.tar.gz
#解压 Zookeeper 软件包
tar -xzvf apache-zookeeper-3.6.3-bin.tar.gz
#创建 Zookeeper 部署目录
mkdir -p /usr/local/zookeeper/
```

```
#将解压程序移动至 Zookeeper 部署目录
mv apache-zookeeper-3.6.3-bin/* /usr/local/zookeeper/
#查看 Zookeeper 是否部署成功
ls -l /usr/local/zookeeper/
#复制默认模板配置文件
cd /usr/local/zookeeper/conf/
\cp zoo_sample.cfg zoo.cfg
```

（5）修改 3 台服务器 Zookeeper 配置文件 zoo.cfg，操作命令及代码如下：

```
cat>/usr/local/zookeeper/conf/zoo.cfg<<EOF
tickTime=2000
initLimit=10
syncLimit=5
dataDir=/tmp/zookeeper
clientPort=2181
maxClientCnxns=60
autopurge.snapRetainCount=3
autopurge.purgeInterval=1
server.1=192.168.1.147:2888:3888
server.2=192.168.1.148:2888:3888
server.3=192.168.1.149:2888:3888
EOF
```

下面为 zoo.cfg 配置文件参数说明。

① tickTime：基本事件单元。这个时间是 Zookeeper 集群的服务器之间或客户端与服务器之间维持心跳的时间间隔，每隔 tickTime Zookeeper 就会发送一个心跳；session（会话）过期的最短时间为 2 倍 tickTime。

② initLimit：允许 Follower 连接并同步到 Leader 的初始化连接时间，以 tickTime 为单位。当初始化连接时间超过该值时，则表示连接失败。

③ syncLimit：当 Leader 与 Follower 之间发送消息时请求和应答的时间。如果 Follower 在设置时间内不能与 Leader 通信，那么此 Follower 将会被丢弃。

④ dataDir：存储内存中数据库快照的位置，除非另有说明，否则指向数据库更新的事务日志。注意：应该谨慎地选择日志存放的位置，使用专用的日志存储设备能够大大提高系统的性能。如果将日志存储在比较繁忙的设备上，那么将会很大程度上影响系统性能。

⑤ clientPort：监听客户端连接的端口。

⑥ server.A=B:C:D：设置服务器的 IP 地址及各种端口。参数说明如下。

A：服务器的编号；

B：服务器的 IP 地址；

C：Leader 选举的端口；

D：服务器之间的通信端口。

（6）创建服务器的标识，在 Zookeeper 集群模式下需要配置 myid 文件，该文件放在 dataDir 根目录下。文件中只写入一个数字，那就是 A 服务器的编号。

```
#为 IP 地址为 192.168.1.147 的服务器创建 myid,操作命令如下
mkdir -p /tmp/zookeeper/
echo "1" > /tmp/zookeeper/myid
#为 IP 地址为 192.168.1.148 的服务器创建 myid,操作命令如下
mkdir -p /tmp/zookeeper/
echo "2" > /tmp/zookeeper/myid
#为 IP 地址为 192.168.1.149 的服务器创建 myid,操作方法如下
mkdir -p /tmp/zookeeper/
echo "3" > /tmp/zookeeper/myid
```

（7）服务器标识配置完成，启动 3 台服务器的服务即可。启动服务的操作命令如下：

```
#启动 Zookeeper 集群软件服务
/usr/local/zookeeper/bin/zkServer.sh start
#查看 Zookeeper 服务的进程和端口
ps -ef|grep -ai zookeeper
netstat -tnlp|grep -aiwE 2181
#查看 Zookeeper 服务的状态
/usr/local/zookeeper/bin/zkServer.sh status
#启动 Zookeeper 服务的客户端命令行
/usr/local/zookeeper/bin/zkCli.sh
#创建测试信息
/usr/local/zookeeper/bin/zkCli.sh
help
create /jfedu
ls /
set /jfedu www.jd.com
get /jfedu
```

（8）根据如上操作，Zookeeper 集群部署成功。查看 Zookeeper 服务的状态，可以看到一个 Leader 和两个 Follower。

1.7 Zookeeper Web 平台实战

Zookeeper 可视化 Web 工具 Zkui 依赖 Java 环境，因此需要安装 JDK。此外，Zkui 源码要 Maven 编译，需要提前在 Linux 系统上安装 Maven 工具。

（1）从 Oracle 官网下载 Java JDK，并解压安装。在命令行输入 vi /etc/profile 操作命令，在其中加入如下代码：

```
export JAVA_HOME=/usr/java/jdk1.8.0_131
export CLASSPATH=$CLASSPATH:$JAVA_HOME/lib:$JAVA_HOME/jre/lib
export PATH=$JAVA_HOME/bin:$JAVA_HOME/jre/bin:$PATH
```

（2）提前部署 Maven 工具，同时下载 Zkui 程序包，操作命令如下：

```
#下载 Maven 工具包
wget
http://mirrors.tuna.tsinghua.edu.cn/apache/maven/maven-3/3.3.9/binaries/
apache-maven-3.3.9-bin.tar.gz
#解压缩 Maven 工具包
tar -xzvf  apache-maven-3.3.9-bin.tar.gz
#将程序移动至/usr/maven/目录
mv  apache-maven-3.3.9   /usr/maven/
#从官网下载 Zkui 程序包
git clone https://github.com/DeemOpen/zkui.git
#wget https://github.com/DeemOpen/zkui/archive/refs/heads/master.zip
#解压缩 Zkui 程序包
unzip zkui-master.zip
#进入 Zkui 的安装目录
cd zkui-master
#编译打包 Zkui 程序
/usr/maven/bin/mvn clean install
```

结果如图 1-1 所示。

（3）编译成功后，会生成两个 jar 包：zkui-2.0-SNAPSHOT.jar 和 zkui-2.0-SNAPSHOT-jar-with-dependencies.jar。输入 ls-l target 操作命令查看，结果如图 1-2 所示。

```
[INFO] --- maven-install-plugin:2.4:install (default-install) @ zkui ---
[INFO] Installing /root/zkui-master/target/zkui-2.0-SNAPSHOT.jar to /root/.m
2.0-SNAPSHOT.jar
[INFO] Installing /root/zkui-master/pom.xml to /root/.m2/repository/com/deem
[INFO] Installing /root/zkui-master/target/zkui-2.0-SNAPSHOT-jar-with-depend
kui/2.0-SNAPSHOT/zkui-2.0-SNAPSHOT-jar-with-dependencies.jar
[INFO] ------------------------------------------------------------------------
[INFO] BUILD SUCCESS
[INFO] ------------------------------------------------------------------------
[INFO] Total time: 01:58 min
[INFO] Finished at: 2021-04-07T16:11:01+08:00
[INFO] Final Memory: 30M/75M
[INFO] ------------------------------------------------------------------------
```

图 1-1　Zkui 编译打包结果

```
[root@www-jfedu-net zkui-master]# ls -l target/
total 13576
drwxr-xr-x 2 root root     4096 Apr  7 16:10 archive-tmp
drwxr-xr-x 5 root root     4096 Apr  7 16:10 classes
drwxr-xr-x 4 root root     4096 Apr  7 16:10 generated-sources
drwxr-xr-x 2 root root     4096 Apr  7 16:10 maven-archiver
drwxr-xr-x 2 root root     4096 Apr  7 16:10 surefire-reports
drwxr-xr-x 3 root root     4096 Apr  7 16:10 test-classes
-rw-r--r-- 1 root root   277072 Apr  7 16:10 zkui-2.0-SNAPSHOT.jar
-rw-r--r-- 1 root root 13595671 Apr  7 16:11 zkui-2.0-SNAPSHOT-jar-with-dependencies.jar
[root@www-jfedu-net zkui-master]#
[root@www-jfedu-net zkui-master]#
```

图 1-2　查看 Zkui 编译后的两个 jar 包

（4）Zkui 编译后的 jar 包可以直接运行。在运行该文件之前，需要修改 Zkui 的配置文件 config.cfg。config.cfg 文件中配置了 Zkui 需要连接的 Zookeeper 集群的 IP 地址和端口，访问 UI 的用户名和密码，以及 Zkui 服务监听的端口号，如图 1-3 所示。

```
#Server Port
serverPort=9090
#Comma seperated list of all the zookeeper servers
zkServer=localhost:2181,localhost:2181
#Http path of the repository. Ignore if you dont intent to upload files fr
scmRepo=172.16.108.131:2181
#Path appended to the repo url. Ignore if you dont intent to upload files
scmRepoPath=//appconfig.txt
#if set to true then userSet is used for authentication, else ldap authent
ldapAuth=false
ldapDomain=mycompany,mydomain
#ldap authentication url. Ignore if using file based authentication.
```

图 1-3　config.cfg 文件

config.cfg 配置文件说明如下。

① scmRepo=192.168.31.43:2181,192.168.31.44:2181,192.168.31.45:2181。

注意：如果是 Zookeeper 集群，此处需填写集群各个成员服务器（即 Zookeeper 节点）的 IP 地址，以及端口 2181。另外，此处 Zookeeper 模式是单实例，因此填写的是本机 IP 地址。

② zkSessionTimeout 若报 KeeperErrorCode = ConnectionLoss for / 错误，增大 zkSessionTimeout（超时时间）的值，如设置 zkSessionTimeout=20。

③ 默认用户信息。

用户名：Admin#Admin（管理员）权限，支持 CRUD 操作。

密码：manager。

用户名：appconfig#Readonly（只读）权限，支持读取操作。

密码：appconfig。

④ ldap 的配置。

如果想使用 ldap 身份验证，则需提供 ldapUrl。这将优先于 roleSet 文件认证。

```
ldapUrl=ldap://<ldap_host>:<ldap_port>/dc=mycom,dc=com
```

如果这样设置，则将使用默认 roleSet 文件认证。

（5）启动 Zkui 程序，操作命令如下：

```
nohup /usr/java/jdk1.8.0_131/bin/java -jar ./target/zkui-2.0-SNAPSHOT-jar-with-dependencies.jar &
```

结果如图 1-4 所示。

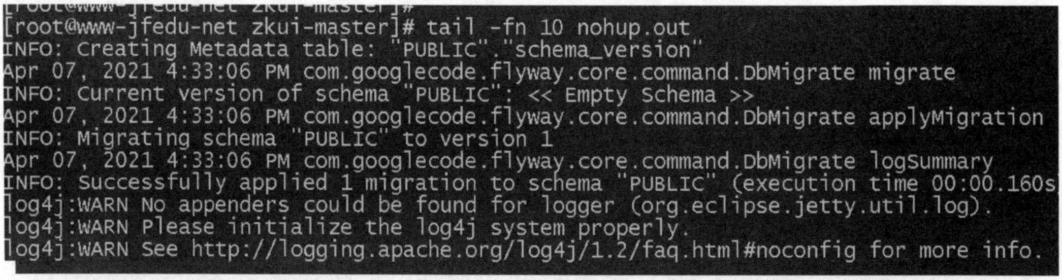

```
[root@www-jfedu-net zkui-master]# tail -fn 10 nohup.out
INFO: Creating Metadata table: "PUBLIC"."schema_version"
Apr 07, 2021 4:33:06 PM com.googlecode.flyway.core.command.DbMigrate migrate
INFO: Current version of schema "PUBLIC": << Empty Schema >>
Apr 07, 2021 4:33:06 PM com.googlecode.flyway.core.command.DbMigrate applyMigration
INFO: Migrating schema "PUBLIC" to version 1
Apr 07, 2021 4:33:06 PM com.googlecode.flyway.core.command.DbMigrate logSummary
INFO: Successfully applied 1 migration to schema "PUBLIC" (execution time 00:00.160s
log4j:WARN No appenders could be found for logger (org.eclipse.jetty.util.log).
log4j:WARN Please initialize the log4j system properly.
log4j:WARN See http://logging.apache.org/log4j/1.2/faq.html#noconfig for more info.
```

（a）

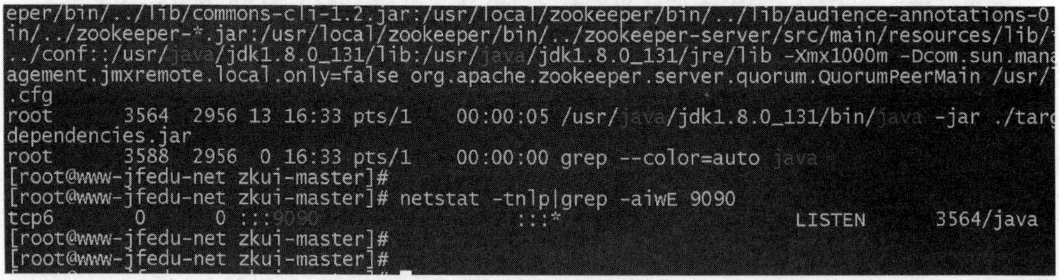

```
eper/bin/../lib/commons-cli-1.2.jar:/usr/local/zookeeper/bin/../lib/audience-annotations-0
in/../zookeeper-*.jar:/usr/local/zookeeper/bin/../zookeeper-server/src/main/resources/lib/
../conf::/usr/java/jdk1.8.0_131/lib:/usr/java/jdk1.8.0_131/jre/lib -Xmx1000m -Dcom.sun.mana
agement.jmxremote.local.only=false org.apache.zookeeper.server.quorum.QuorumPeerMain /usr/
.cfg
root      3564  2956 13 16:33 pts/1    00:00:05 /usr/java/jdk1.8.0_131/bin/java -jar ./targ
dependencies.jar
root      3588  2956  0 16:33 pts/1    00:00:00 grep --color=auto java
[root@www-jfedu-net zkui-master]#
[root@www-jfedu-net zkui-master]# netstat -tnlp|grep -aiwE 9090
tcp6       0      0 :::9090                 :::*                    LISTEN      3564/java
[root@www-jfedu-net zkui-master]#
[root@www-jfedu-net zkui-master]#
```

（b）

图 1-4 启动 Zkui Web 程序

（6）在浏览器访问 URL 地址：http://118.31.55.30:9090，输入账号和密码登录，如图 1-5 所示。

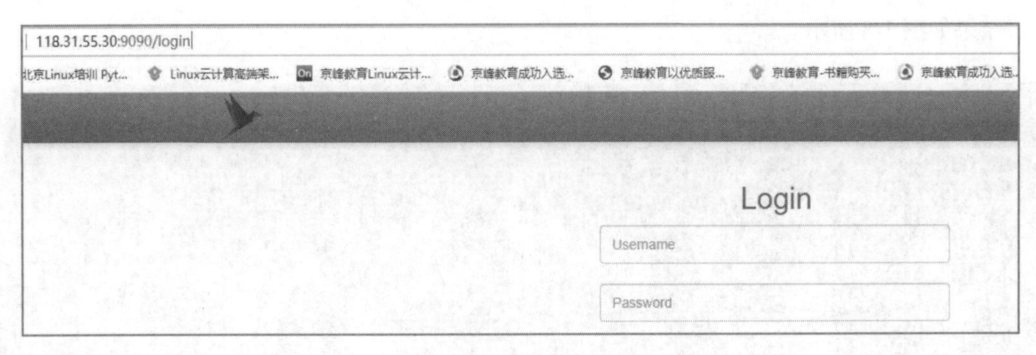

图 1-5 Zkui Web 界面展示

（7）登录 Zkui，选择导航菜单 Host，会出现错误提示：KeeperErrorCode=NoNode for /appconfig/hosts，如图 1-6 所示。

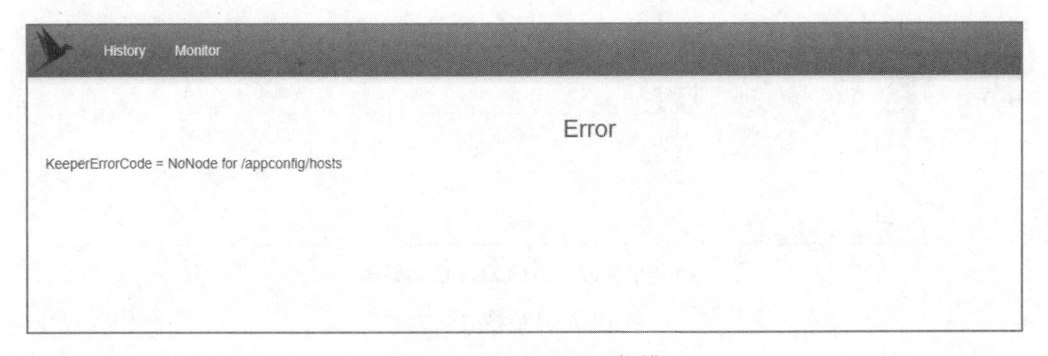

图 1-6 Zkui Web 界面报错

（8）通过 tail 命令查看后端 Zkui 日志文件的内容，操作命令的格式为“tail –fn 10 zkui–out.log 日志错误信息”，结果如图 1-7 所示。

```
Wrapper.handle(HandlerWrapper.java:127), org.eclipse.jetty.server.Server.handle(
r.HttpChannel.lambda$handle$1(HttpChannel.java:383), org.eclipse.jetty.server.Ht
 org.eclipse.jetty.server.HttpChannel.handle(HttpChannel.java:375), org.eclipse.
tpConnection.java:270), org.eclipse.jetty.io.AbstractConnection$ReadCallback.suc
eclipse.jetty.io.FillInterest.fillable(FillInterest.java:103), org.eclipse.jetty
.java:117), org.eclipse.jetty.util.thread.strategy.EatWhatYouKill.runTask(EatWha
l.thread.strategy.EatWhatYouKill.doProduce(EatWhatYouKill.java:313), org.eclipse
l.tryProduce(EatWhatYouKill.java:171), org.eclipse.jetty.util.thread.strategy.Ea
, org.eclipse.jetty.util.thread.ReservedThreadExecutor$ReservedThread.run(Reserv
etty.util.thread.QueuedThreadPool.runJob(QueuedThreadPool.java:806), org.eclipse
r.run(QueuedThreadPool.java:938), java.lang.Thread.run(Thread.java:748)]
rvletUtil:76 - Error :KeeperErrorCode = NoNode for /appconfig/hosts
```

图 1-7 Zkui 后端命令行报错

（9）图 1-8 所示的提示表示根目录下无节点/appconfig/hosts，需手动创建后退出重新登录。

```
/usr/local/zookeeper/bin/zkCli.sh
```

结果如图 1-8 所示。

```
WatchedEvent state:SyncConnected type:None path:null
[zk: localhost:2181(CONNECTED) 0] ls /
[zookeeper]
[zk: localhost:2181(CONNECTED) 1] create /appconfig "my appconfig"
Created /appconfig
[zk: localhost:2181(CONNECTED) 2] ls /
[appconfig, zookeeper]
[zk: localhost:2181(CONNECTED) 3] create /appconfig/hosts 172.16.108.131
Created /appconfig/hosts
[zk: localhost:2181(CONNECTED) 4]
[zk: localhost:2181(CONNECTED) 4] ls /appconfig/hosts
```

（a）Web 解决故障后的 Zkui 后端界面

Hosts Add Node Add Property Delete Import Export Search History Monitor

/ appconfig

	Name	Value
☐	hosts	172.16.108.131

（b）解决故障后的 Zkui 前端界面

图 1-8 最终结果

1.8 MQ 概念

MQ（Message Queue，消息队列）是一种应用程序之间的通信方法，应用程序通过读写出、入队列的消息（针对应用程序的数据）通信，而无须专用连接。

MQ 是一种“先进先出”的数据结构，是指把要传输的数据（消息）放在队列中，用队列机制实现消息传递——生产者产生消息并把消息放入队列，然后由消费者处理。消费者可以到指定队列拉取消息，或者订阅相应的队列，由 MQ 服务推送消息。

MQ 中间件是分布式系统中的重要组件，主要用于解决应用解耦、异步消息、流量削峰等问题、实现高性能、高可用、可伸缩和最终一致性架构。

1. MQ的优点

- 应用解耦：通常一个业务需要多个模块共同实现，或者一条消息有多个系统需要对应处理。但使用 MQ 中间件，在主业务完成后，发送一条 MQ 消息，其余模块消费 MQ 消息，即可实现业务，从而降低模块之间的耦合。
- 异步消息：主业务执行结束后从属业务会通过 MQ 异步执行，从而减低业务的响应时间，提高用户体验。
- 流量削峰：在高并发情况下，业务可以异步处理，分散高峰期业务处理压力，避免系统瘫痪。

2. MQ的缺点

（1）系统可用性降低。依赖服务越多，服务越容易挂掉。需要考虑 MQ 瘫痪时的情况。

（2）系统复杂性提高。需要考虑消息丢失、消息重复消费、消息传递的顺序。

（3）业务一致性。需要考虑主业务和从属业务一致性的处理。

1.9　MQ 简介

主流消息队列包括 RabbitMQ、ActiveMQ、RocketMQ、ZeroMQ、Kafka、IBM WebSphere 等。

MQ 通常用于程序之间进行数据通信，程序之间不需要直接调用彼此来通信。

应用程序通过队列通信。RabbitMQ 是一个基于 AMQP（Advanced Message Queuing Protocol，高级消息队列协议）的、完整的、可复用的企业消息系统，遵循 GPL 开源协议。

AMQP 是提供统一消息服务的应用层标准高级消息队列协议，是应用层协议的开放标准、面向消息的中间件设计。基于此协议的客户端与消息中间件可传递消息，并不受客户端或中间件不同产品、不同开发语言等条件的限制。

OpenStack 的架构决定了需要使用消息队列机制实现不同模块间的通信，通过使用消息验证、消息转换、消息路由架构模式，带来的好处就是可以使模块之间最大程度解耦，客户端不需要关注服务端的位置及其是否存在，只需通过消息队列进行信息的发送。

RabbitMQ 适合部署在一个拓扑灵活、易扩展的规模化系统环境中，可有效保证不同模块、不同节点、不同进程之间消息通信的时效性，并可有效支持 OpenStack 云平台系统的规模化部署、弹性扩展、灵活架构，以及信息安全的需求。

1.10 MQ 应用解耦应用场景

在用户下单后，订单系统需要通知库存系统。传统的做法是，订单系统调用库存系统的接口。但当库存系统无法访问时，将会通知失败，从而导致用户下单失败，如图 1-9 所示。

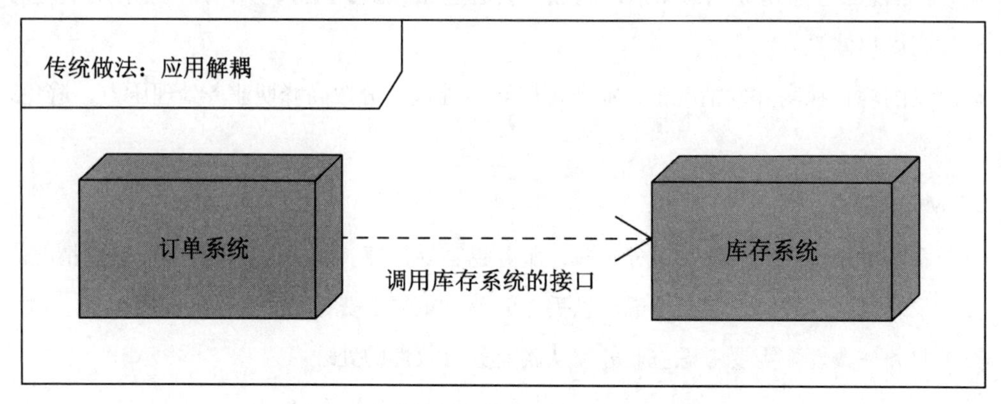

图 1-9 传统订单系统与库存系统交互方案

当引入 MQ 时，交互方案如图 1-10 所示。

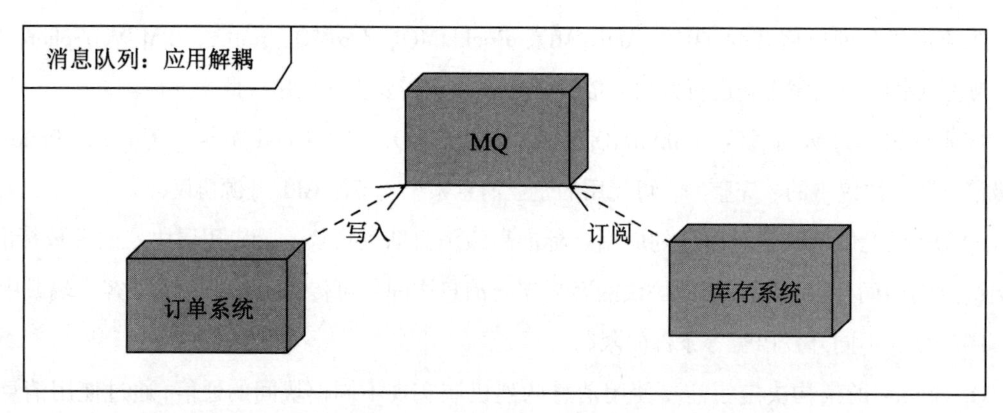

图 1-10 MQ 应用解耦交互方案

在用户下单后，订单系统将消息写入 MQ，返回用户订单下单成功的消息；此时，库存系统订阅下单的消息，采用拉取或推送的方式获取下单信息，并进行库存操作。

注意：如果下单时库存系统不能正常使用，也不影响正常下单。因为下单后，订单系统已将下单信息写入了 MQ，实现了订单系统与库存系统的应用解耦。

1.11　MQ 异步消息应用场景

MQ 应用的场合非常多。例如，在某个论坛网站，用户注册信息时，当未使用 MQ 异步消息时，需要发送注册邮件和注册短信，普通注册信息架构如图 1-11 所示。

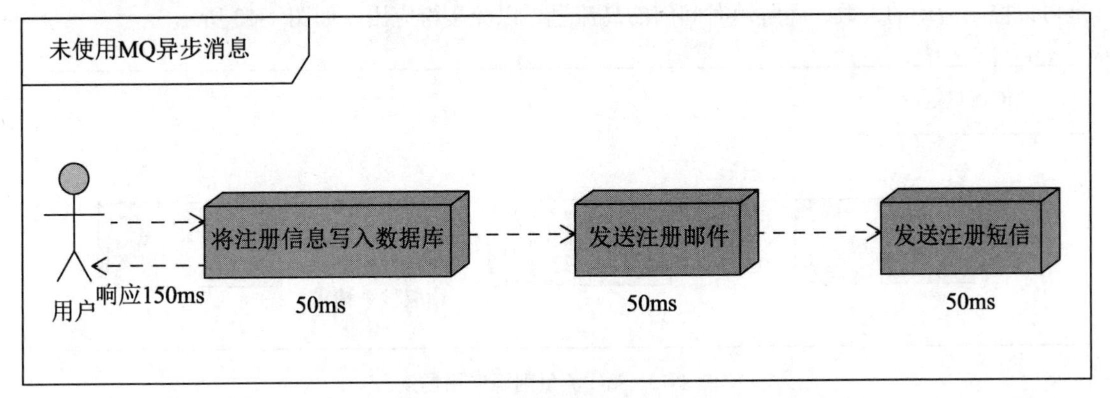

图 1-11　普通注册信息架构

将注册信息成功写入数据库后，向用户发送注册邮件，再发送注册短信。以上 3 个任务全部完成后，返回给客户端，共花费 150ms。

当引入 MQ 时，先发送注册邮件再发送注册短信将不是必需的业务逻辑，可以使用异步处理。改造后的 MQ 异步消息架构如图 1-12 所示。

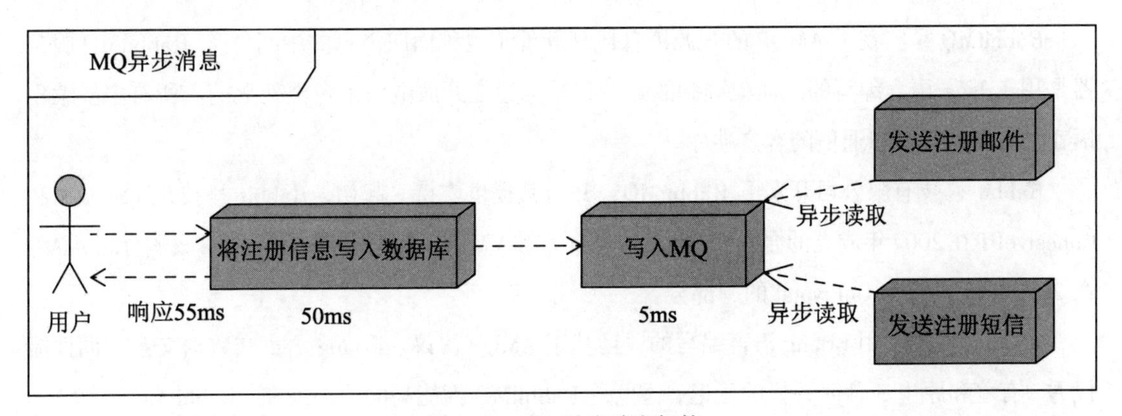

图 1-12　MQ 异步消息架构

用户的响应时间相当于注册信息写入数据库的时间，为 50ms。注册邮件，发送短信写入 MQ 后，直接返回，因此写入 MQ 的速度很快，基本可以忽略，因此用户的响应时间可能是 50ms。

1.12 MQ 流量削峰应用场景

流量削峰也是 MQ 的典型应用场景，一般在秒杀或团抢活动中出现。秒杀活动一般会因为流量过大，导致流量暴增、应用崩溃。要想解决这个问题，一般需要在应用前端加入 MQ，优点是可以控制活动的人数，缓解短时间内的高流量，以免压垮应用，如图 1-13 所示。

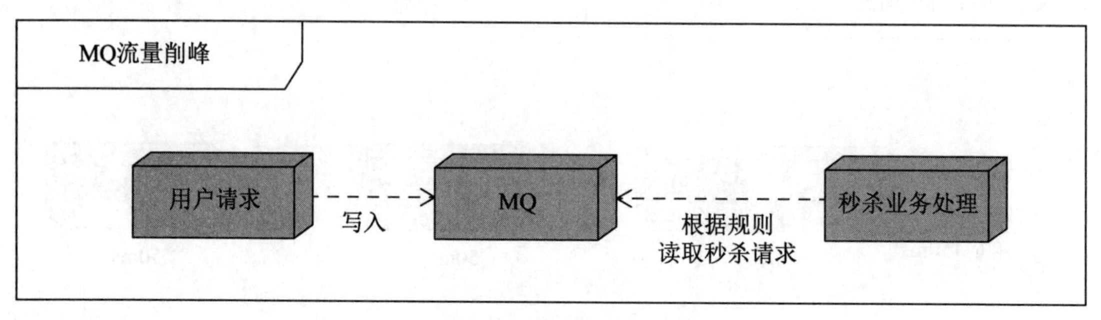

图 1-13 MQ 流量削峰应用场景

服务器接收用户请求后，首先将其写入消息队列，假如消息队列长度超过最大值，则直接抛弃用户请求或跳转到错误页面，秒杀业务根据消息队列中的请求信息，再作后续处理。

1.13 RabbitMQ 概念剖析

RabbitMQ 是实现了 AMQP 的开源消息代理软件（也称面向消息的中间件）。RabbitMQ 服务器是用 Erlang 语言编写的，而集群和故障转移是构建在开放电信平台框架上的。所有主要编程语言均有与代理接口通信的客户端库。

Rabbit 科技有限公司开发了 RabbitMQ，并对其提供支持。起初，Rabbit 科技是 LSHIFT 和 CohesiveFT 在 2007 年成立的合资企业，2010 年 4 月被 VMware 旗下的 SpringSource 收购。RabbitMQ 在 2013 年 5 月成为 GoPivotal 的一部分。

RabbitMQ 是使用 Erlang 语言编写的，且基于 AMQP 协议。Erlang 语言在数据交互方面性能优秀，有着和原生 Socket 一样的延迟，这也是 RabbitMQ 性能高的原因所在。RabbitMQ 可谓“人如其名”，就像兔子一样迅速。RabbitMQ 除了跑得很快以外，还有以下 5 个特点。

（1）开源，性能优秀，具有稳定性保障。

（2）提供可靠性消息投递模式、返回模式。

（3）与 Spring AMQP 完美整合，API 丰富。

（4）集群模式丰富，表达式配置，HA 模式，镜像队列模型。

（5）在保证数据不丢失的前提下可保证高可靠性、可用性。

提到 RabbitMQ，就不得不提 AMQP 协议。AMQP 协议是具有现代特征的二进制协议，是一个提供统一消息服务的应用层标准高级消息队列协议，是应用层协议的一个开放标准，为面向消息的中间件设计。

以下为 AMQP 协议中间件的 9 个重要概念。

（1）Server（服务端）：接收客户端的连接，实现 AMQP 实体服务。

（2）Connection（连接）：应用程序与 Server 的网络连接、TCP 连接。

（3）Channel（信道）：消息读写等操作在信道中进行。客户端可以建立多个信道，每个信道代表一个会话任务。

（4）Message（消息）：应用程序和服务器之间传送的数据，消息可以非常简单，也可以非常复杂，由 Properties 和 Body 组成。Properties 为外包装，可以对消息进行修饰，如消息的优先级、延迟等高级特性；Body 是消息体内容。

（5）Virtual Host（虚拟主机）：用于逻辑隔离。一个虚拟主机里面可以有若干 Exchange 和 Queue，但 Exchange 或 Queue 的名称不能相同。

（6）Exchange（交换器）：接收消息，按照路由规则将消息路由到一个或者多个队列。如果路由不到，要么返回给生产者，要么直接丢弃。RabbitMQ 常用交换器的类型有 direct、topic、fanout、headers 四种。

（7）Binding（绑定）：交换器和消息队列之间的虚拟连接，绑定中可以包含一个或者多个 RoutingKey。

（8）RoutingKey（路由键）：生产者将消息发送给交换器的时候，会发送一个 RoutingKey，用来指定路由规则，这样交换器就知道把消息发送到哪个队列。路由键通常为一个由“.”分隔的字符串，如 com.rabbitmq。

（9）Queue（消息队列）：用来保存消息，供消费者消费。

1.14　RabbitMQ 安装实战

基于 YUM 方式部署 RabbitMQ 服务，需要提前部署 Erlang 软件程序，Erlang 语言是一种结构化、动态型编程语言，内建并行计算支持，最初是由爱立信公司专门为通信应用设计的，如控制交换机或者变换协议等，因此非常适合用于构建分布式、实时软并行计算系统。

使用 Erlang 语言编写出的应用运行时通常由成千上万个轻量级进程组成，并通过消息传递相互通信。进程间上下文切换对于 Erlang 来说仅仅是一两个环节，比起 C 程序的线程切换要高效得多。

基于 CentOS 7.x Linux 操作系统，从 0 开始部署 Erlang 和 RabbitMQ 软件程序，操作的方法和命令如下：

```
#添加 epel-release 扩展源
yum install -y epel-release
yum install -y erlang
#安装 rabbitmq 服务
yum install -y rabbitmq-server
#开启防火墙放行端口号
firewall-cmd --add-port=15672/tcp --permanent
firewall-cmd --add-port=5672/tcp --permanent
#启动 rabbitmq 服务
service rabbitmq-server start
#停止 rabbitmq 服务
service rabbitmq-server stop
#重启 rabbitmq 服务
service rabbitmq-server restart
#查看 rabbitmq 服务状态
service rabbitmq-server status
```

1.15 RabbitMQ 管理配置

RabbitMQ 服务默认的监听端口为 TCP 5672，如果想通过 Web 界面访问，则需要开启 Web 插件，监听端口为 15672。开启 Web 插件，同时添加 admin 管理用户的操作方法和命令如下：

```
#启动 rabbitmq 服务
systemctl enable rabbitmq-server.service
systemctl start rabbitmq-server.service
#添加 admin 用户和组
rabbitmqctl add_user admin admin
#添加 admin 用户权限
rabbitmqctl set_permissions admin ".*" ".*" ".*"
#查看插件列表
```

```
rabbitmq-plugins list
#开启 Web 管理插件
rabbitmq-plugins enable rabbitmq_management
#重启 rabbitmq 服务
systemctl restart rabbitmq-server.service
#查看是否监听 15672 端口
lsof -i :15672
```

通过地址 http://118.31.55.30:15672 访问 RabbitMQ，RabbitMQ 登录界面如图 1-14 所示。

图 1-14　RabbitMQ 登录界面

使用默认用户名、密码登录，用户名和密码均为 guest，添加 OpenStack 用户到组并登录测试，如图 1-15 所示。

Overview　Connections　Channels　Exchanges　Queues　Admin

User: admin

Overview

Tags　administrator

Can log in with password　•

Permissions

Current permissions

Virtual host	Configure regexp	Write regexp	Read regexp	
/	.*	.*	.*	Clear

Set permission

Virtual Host: /

Configure regexp: .*

Write regexp: .*

Read regexp: .*

Set permission

Update this user

Password: 　* (confirm)

Tags: administrator (?)

[Admin] [Monitoring] [Policymaker] [Management] [None]

Update user

图 1-15　使用 RabbitMQ 添加用户

RabbitMQ 新用户添加完毕，使用 OpenStack 用户和密码登录，如图 1-16 所示。

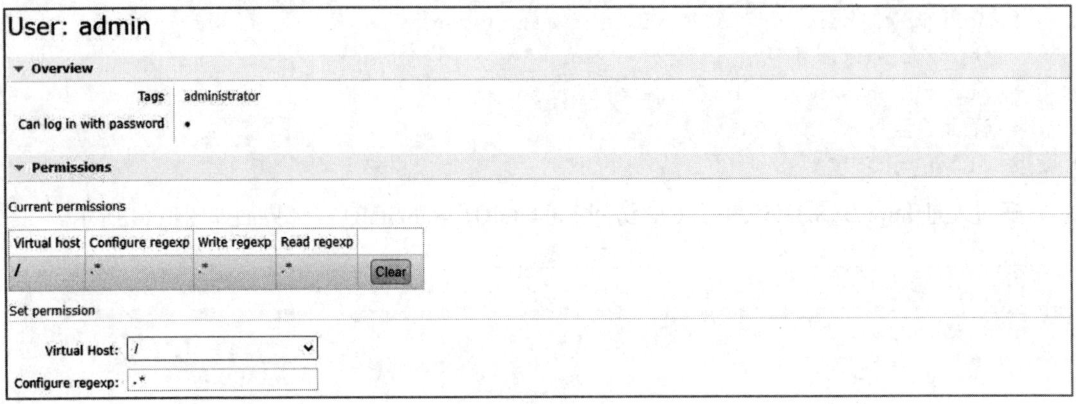

User: admin

▾ Overview

Tags administrator

Can log in with password •

▾ Permissions

Current permissions

Virtual host	Configure regexp	Write regexp	Read regexp	
/	.*	.*	.*	Clear

Set permission

Virtual Host: /

Configure regexp: .*

图 1-16 RabbitMQ 新用户登录

1.16 RabbitMQ 消息测试

1.15 节完成了消息服务器部署，可以简单进行消息的发布和订阅，以下是 RabbitMQ 消息测试。RabbitMQ 完整的消息通信过程包括以下 3 个概念。

（1）发布者（Producer）：发布消息的应用程序。

（2）队列（Queue）：用于消息存储的缓冲。

（3）消费者（Consumer）：接收消息的应用程序。

RabbitMQ 消息模型核心理念：发布者（Producer）不会直接给队列发送任何消息，甚至不知道消息是否已经被投递到队列，它只需要把消息发送给一个交换器（Exchange）。交换器非常简单，它一边接收发布者的消息，一边把消息推入队列。

交换器必须知道如何处理它接收到的消息，如推送到指定的队列还是多个队列，或直接忽略消息。图 1-17 所示为查看 RabbitMQ 消息队列。

测试 RabbitMQ 是否发送消息有很多方法，通常由开发人员进行测试。运维人员也可以使用 Python 脚本，通过模拟消息发布者和消息消费者来测试 RabbitMQ 消息发送和接收功能，操作步骤如下。

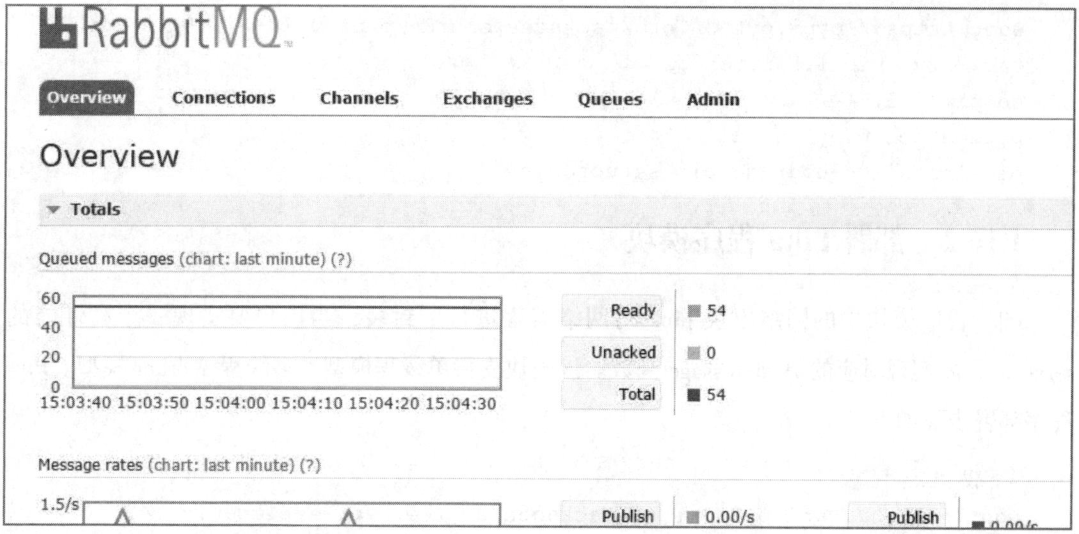

（a）

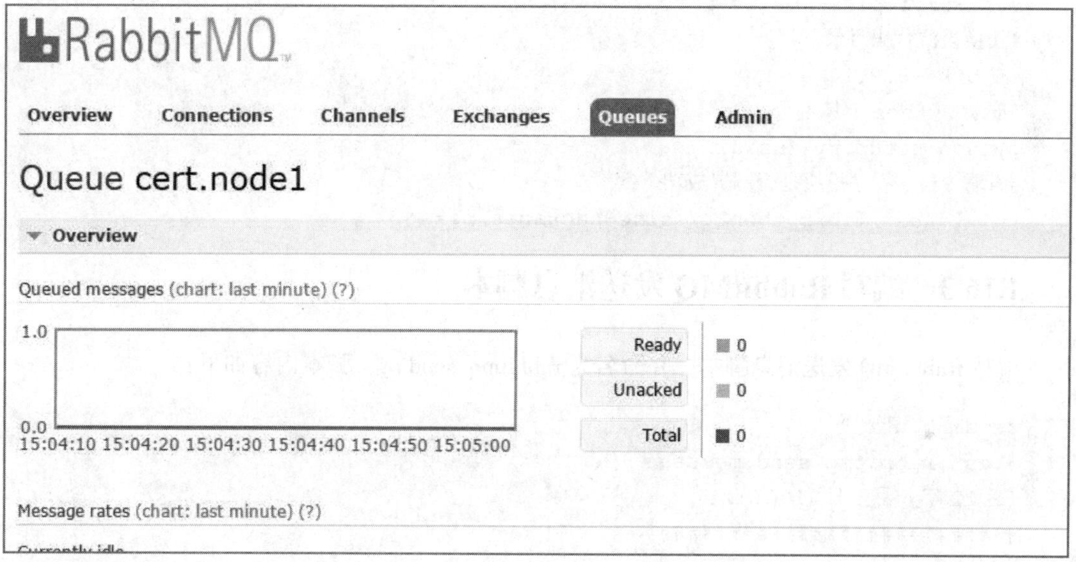

（b）

图 1-17　查看 RabbitMQ 消息队列

1.16.1　安装 Python 依赖组件

安装 Python 依赖组件 wget、setuptools、pip，操作命令如下：

```
yum -y install wget setuptools pip
cd /tmp
```

```
wget https://pypi.python.org/packages/source/p/pip/pip-1.5.6.tar.gz
tar -xzvf pip-1.5.6.tar.gz
cd pip-1.5.6
python setup.py install
pip install --upgrade pip setuptools
```

1.16.2 部署 Pika 程序模块

Pika 程序模块中的网络模块 pink 对网络编程进行了封装，当用户要实现一个高性能的 server，只需实现对应的 DealMessage 函数。该模块支持单线程模型、多线程 Worker 模型。Pika 程序部署步骤如下：

```
#下载 Pika 程序模块
wget https://pypi.python.org/packages/source/p/pika/pika-0.9.14.tar.gz
#通过 tar 工具解压 Pika 程序模块
tar -xzvf pika-0.9.14.tar.gz
#切换至源代码目录
cd pika-0.9.14
#安装 Python 工具
python setup.py install
#查看 Pika 程序模块是否部署成功
ls -l /usr/lib/python2.7/site-packages/pika*
```

1.16.3 编写 RabbitMQ 发送消息脚本

编写 RabbitMQ 发送消息脚本，并命名为 rabbitmq_send.py，脚本内容如下：

```
#coding:utf-8
#Test rabbitmq send message
#2022 年 6 月 5 日 15:36:21
############################
import sys
import pika
username='admin'
password='1'
host='172.16.108.131'
check_num=len(sys.argv)
if check_num!=2:
        print "\033[32m----------------------\033[0m"
        print "\033[32mUsage:{python %s message info.,example %s \"Hello
world.\"}\033[0m" % (sys.argv[0],sys.argv[0])
```

```
        sys.exit()
message=sys.argv[1]
credentials=pika.PlainCredentials(username, password)
connection=pika.BlockingConnection(pika.ConnectionParameters(host=host,
credentials=credentials, port=5672))
channel=connection.channel()
channel.queue_declare(queue='hello')
channel.basic_publish(exchange='',routing_key='hello',body=message)
print "[x] Sent %s" % message
connection.close()
```

1.16.4　编写 RabbitMQ 接收消息脚本

编写 RabbitMQ 接收消息脚本，并命名为 rabbitmq_recv.py，脚本内容如下：

```
#coding:utf-8
#Test rabbitmq send message
#2022 年 6 月 5 日 15:36:21
###########################
import sys
import pika
username='admin'
password='1'
host='172.16.108.131'
credentials=pika.PlainCredentials(username, password)
connection=pika.BlockingConnection(pika.ConnectionParameters(
    host=host, credentials=credentials, port=5672))
channel=connection.channel()
channel.queue_declare(queue='Hello')
def callback(ch, method, properties, body):
    print "[x] Received %r" % body
channel.basic_consume(callback, queue='hello', no_ack=True)
print '[*] Waiting for messages. To exit press CTRL+C'
channel.start_consuming()
```

1.16.5　测试 RabbitMQ 消息发送和接收

（1）完成 1.16.3 节和 1.16.4 节的部署后，首先启动 1.16.3 节的 rabbitmq_send.py 消息发送脚本，该脚本的执行命令为 python send.py "www.jfedu.net Test MQ info"，如图 1-18 所示。

```
[root@www-jfedu-net mq]#
[root@www-jfedu-net mq]#
[root@www-jfedu-net mq]# python send.py "www.jfedu.net Test MQ info"
[x] Sent www.jfedu.net Test MQ info
[root@www-jfedu-net mq]#
[root@www-jfedu-net mq]#
```

图 1-18 测试 RabbitMQ 消息发送

（2）启动 1.16.4 节的 rabbitmq_recv.py 消息接收脚本，能够看到第 1 步发送的消息：www.jfedu.net Test MQ info，即表示 RabbitMQ 消息测试成功，如图 1-19 所示。

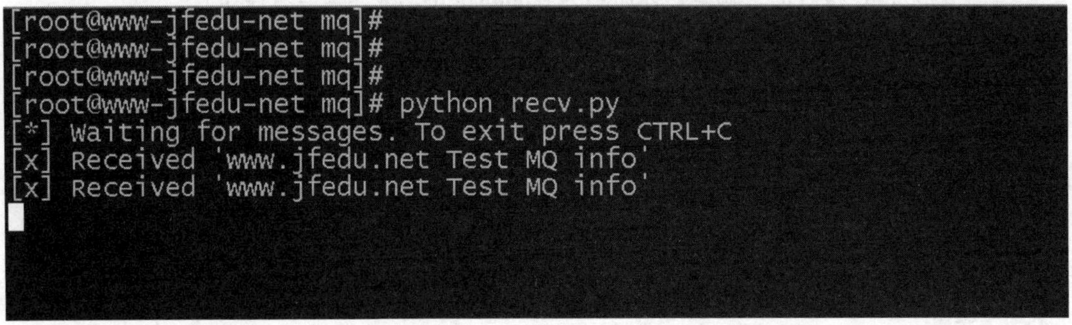

```
[root@www-jfedu-net mq]#
[root@www-jfedu-net mq]#
[root@www-jfedu-net mq]#
[root@www-jfedu-net mq]# python recv.py
[*] Waiting for messages. To exit press CTRL+C
[x] Received 'www.jfedu.net Test MQ info'
[x] Received 'www.jfedu.net Test MQ info'
```

图 1-19 测试 RabbitMQ 消息接收

（3）查看 RabbitMQ Web 界面和消息管道，如图 1-20 所示。

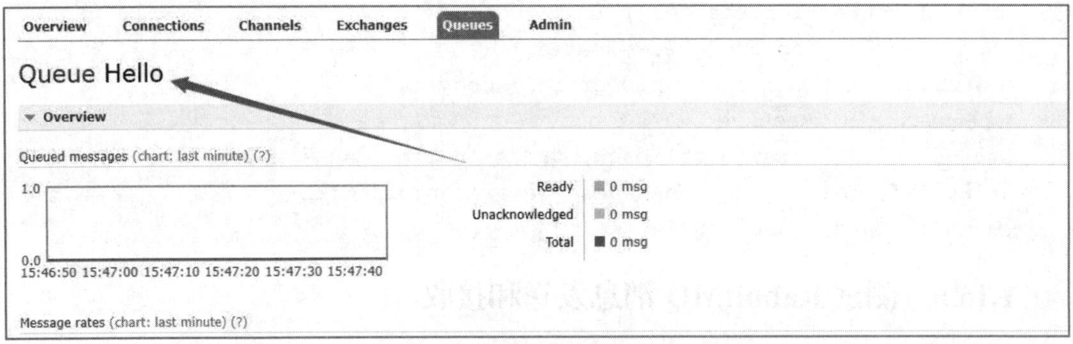

（a）RabbitMQ Web 界面

图 1-20 查看 RabbitMQ Web 界面和消息管道

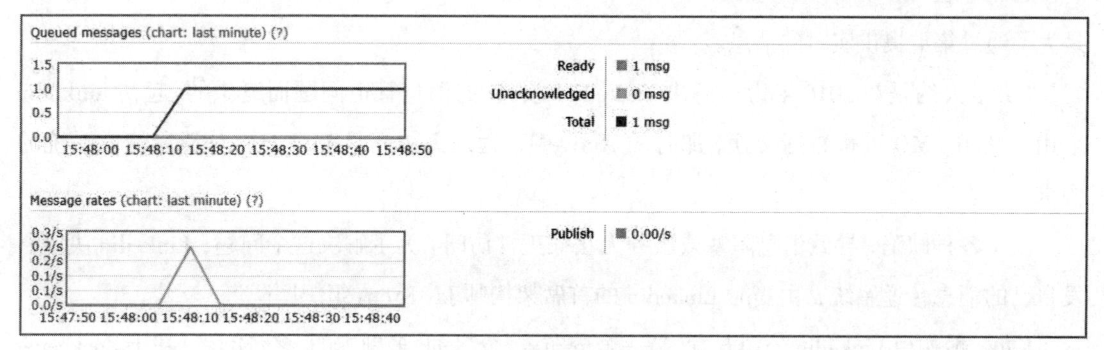

（b）RabbitMQ 消息管道

图 1-20　（续）

1.17　Kafka 概念剖析

1.17.1　Zookeeper 简介

Zookeeper 是一款解决分布式应用架构中一致性问题的工具，Kafka 消息队列要用到 Zookeeper。在分布式应用架构（去中心化集群模式）中，需要让消费者知道现在有哪些生产者（对于消费者而言，Kafka 就是生产者）是可用的。

如果没有 Zookeeper 注册中心，消费者如何知道生产者呢？如果每次消费者在消费之前都去连接生产者，测试连接是否成功，效率就会变得很低。

Kafka 利用 Zookeeper 的分布式协调服务，将生产者、消费者、消息储存（broker，用于存储信息、消息读写等）结合在一起。借助于 Zookeeper，Kafka 能够将包括生产者、消费者和 broker 在内的所有组件在无状态的条件下建立起生产者和消费者的订阅关系，实现生产者的负载均衡。

1.17.2　Kafka 简介

Kafka 是由 Apache 软件基金会开发的一个开源流处理平台，由 Scala 和 Java 语言编写。Kafka 是一种高吞吐量的分布式发布订阅消息系统，它可以处理消费者在网站中的所有动作流数据。

这种动作（如浏览网页、搜索其他用户的行动）流是在现代网络上的许多功能的一个关键因素。限于吞吐量，这些数据通常通过处理日志和日志聚合来解决。

对于像 Hadoop 一样的日志数据和离线分析系统，但又要求实时处理的限制，Kafka 是一个可行的解决方案。Kafka 的目的是通过 Hadoop 的并行加载机制统一在线和离线的消息处理，也是为了通过集群提供实时的消息。

Kafka 大约是在 2010 年为了解决 Linkedin（领英）的消息管道问题而诞生的，起初 Linkedin 采用了 ActiveMQ 进行数据交换，那时的 ActiveMQ 远远无法满足 Linkedin 对消息传递系统的要求。

由于各种缺陷，导致消息阻塞或服务无法被正常访问。为了解决这个问题，Linkedin 决定研发自己的消息传递系统，由当时 Linkedin 的首席架构师 Jay Kreps 组织团队。

Kafka 最初由 Linkedin 公司开发，是一个分布式、分区的、多副本的、多订阅者，基于 Zookeeper 协调的分布式日志系统（也可以当作 MQ 系统），常见可以用于 Web/Nginx 日志、访问日志、消息服务等。Linkedin 于 2010 年将其贡献给了 Apache 基金会并成为顶级开源项目。Kafka 主要应用场景为日志收集系统和消息系统。Kafka 的主要设计目标如下。

（1）以时间复杂度方式提供消息持久化能力，即使是 TB 级以上的数据量也能保证常数时间的访问性能。

（2）高吞吐率，即使在非常廉价的商用机器上也能做到单机支持每秒 1000000 条消息的传输。

（3）支持 Kafka Server 间的消息分区及分布式消费，同时保证每个 Partition 内的消息按顺序传输。

（4）支持同时处理离线数据和实时数据。

（5）Scale out（水平扩展），支持在线水平扩展。

1.18 Kafka 消息队列优点

1. 解耦

在项目启动之初预测将来项目会产生什么需求是极其困难的。Kafka 消息队列在处理过程中插入了一个隐含的、基于数据的接口层，两边的处理过程都要实现这一接口。Kafka 消息队列允许独立地扩展或修改两边的处理过程，只要确保它们遵守同样的接口约束。

2. 冗余（副本）

在有些情况下，处理数据会失败，除非数据被持久化，否则将造成数据丢失。Kafka 消息队列把数据进行持久化直到它们被完全处理，通过这一方式规避数据丢失风险。在许多消息队列所采用的“插入–获取–删除”范式中，在把一个消息从队列中删除之前，需要处理系统明确地指出该消息已经被处理完毕，从而确保数据被安全地保存。

3. 扩展性

因为 Kafka 消息队列解耦了处理过程，所以增大消息入队和处理的频率是很容易的，只需另外增加处理过程，不需要改变代码、调节参数。扩展就像调大电力按钮一样简单。

4. 灵活性和峰值处理能力

在访问量剧增的情况下，应用仍然需要继续发挥作用，但是这样的突发流量并不常见。如果以能处理峰值访问量为标准使资源随时待命，无疑是巨大的浪费。使用 Kafka 消息队列能够使关键组件顶住突发的访问压力，不会因为突发的超负荷的请求而完全崩溃。

5. 可恢复性

当系统的一部分组件失效时，不会影响到整个系统。Kafka 消息队列降低了进程间的耦合度，所以即使一个处理消息的进程挂掉，加入队列中的消息仍然可以在系统恢复后被处理。

6. 顺序保证

在大多数使用场景下，数据处理的顺序很重要。大部分 Kafka 消息队列本来就是有序的，并且能保证数据会按照特定的顺序处理。Kafka 保证一个 Partition 内的消息的有序性。

7. 缓冲

在任何重要的系统中，都会有需要不同的处理时间的元素。例如，加载一张图片花费的时间比应用过滤器更少。消息队列通过一个缓冲层使任务的执行效率最高——写入队列的任务会尽可能的快，该缓冲有助于控制和优化数据流经过系统的速度。

8. 异步通信

很多时候，用户不想、也不需要立即处理消息。Kafka 消息队列提供了异步处理机制，允许用户把一个或多个消息放入队列，但并不立即处理，而是在需要的时候再处理。

1.19　消息传递模式分类

消息系统负责将数据从一个应用传递到另外一个应用，应用只需关注数据，无须关注数据在两个或多个应用间是如何传递的。分布式系统的消息传递基于可靠的消息队列，在客户端应用和消息系统之间异步进行。

在企业生产环境中，主要有两种消息传递模式：点对点消息传递模式和发布/订阅消息传递模式。大部分消息系统选用的是发布/订阅消息传递模式，如 Kafka。

1. 点对点消息传递模式

在点对点消息传递模式中，消息会被持久化入一个队列（Queue）。当生产者（Producer）将消息发送到队列中时，将有一个或多个消费者（Consumer）消费队列中的消息，但是一条消息只能被消费一次。在一个消费者消费了队列中的某条消息之后，该条消息将会从消息队列中删除。在点对点消息传递模式下，即使有多个消费者同时消费数据，也能保证数据处理的顺序，其架构如图 1-21 所示。

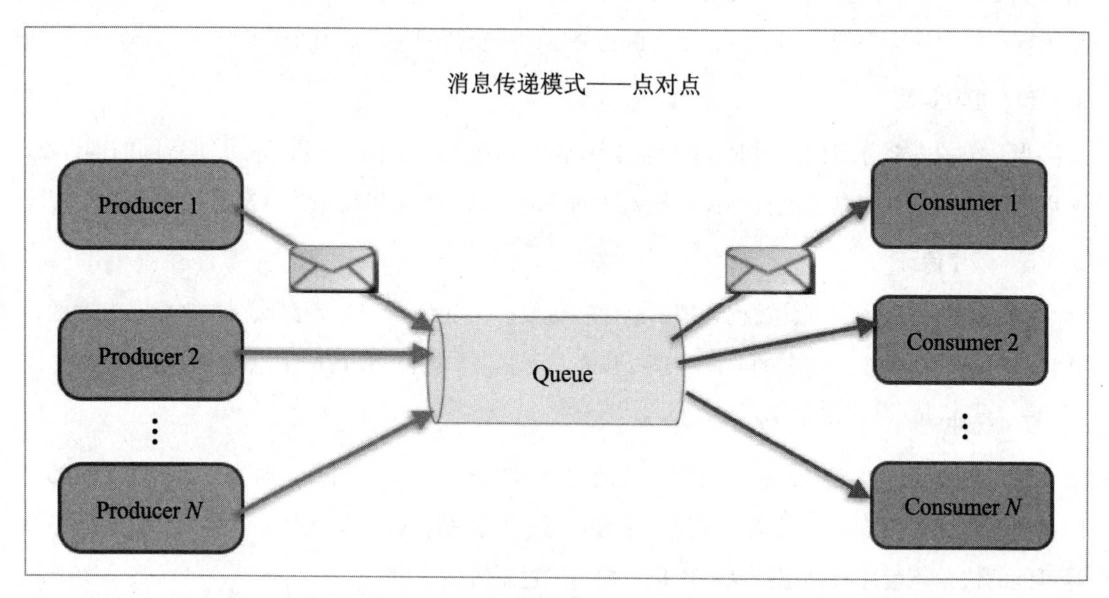

图 1-21　消息传递模式——点对点

图 1-21 所示的架构中，如果生产者将一条消息发送到队列，则只有一个消费者能收到。

2. 发布/订阅消息传递模式

在发布/订阅消息传递模式中，消息会被持久化入一个主题（Topic）。与点对点消息传递模式不同的是，该模式下消费者可以订阅一个或多个主题，消费者可以消费该主题中的所有数据，同一条数据可以被多个消费者消费，数据被消费后不会立即删除。在发布/订阅消息传递模式中，消息的生产者称为发布者（Publisher），消费者称为订阅者（Subscriber），其架构如图 1-22 所示。

发布者发送到主题的消息，只有订阅了主题的订阅者才会收到。

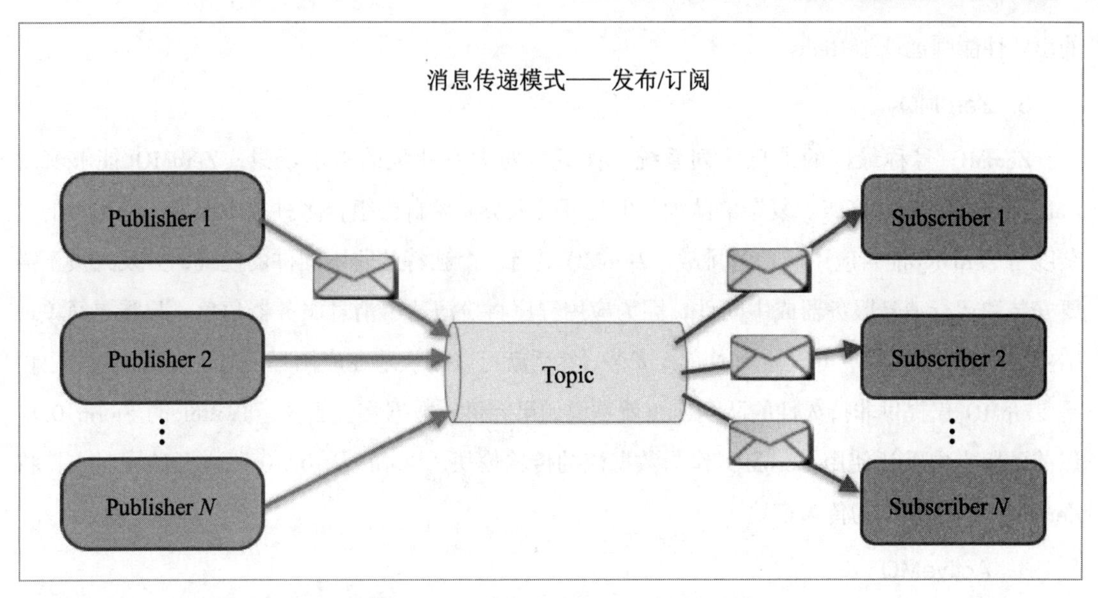

图 1-22　消息传递模式——发布/订阅

1.20　常见的 MQ 系统

企业生产环境中有很多 MQ 系统，常见 MQ 系统的概念、功能的介绍如下。

1. RabbitMQ

RabbitMQ 是使用 Erlang 编写的一个开源的消息队列，本身支持多个协议，如 AMQP、XMPP、SMTP、STOMP 等。也正因如此，它非常重量级，更适合企业级应用的开发。RabbitMQ 也实现了 Broker 构架，这意味着消息在发送给客户端前需在中心队列排队，这对路由、负载均衡或数据持久化提供了很好的支持。

2. Redis

Redis 是一个基于 Key-Value（键值对）的 NoSQL 数据库，其团队对其的开发维护很活跃。虽然 Redis 是一个 Key-Value 数据库存储系统，但它本身支持 MQ 功能，所以完全可以当作一个轻量级的队列服务使用。对于入队和出队操作，使 RabbitMQ 和 Redis 各执行 100 万次，每 10 万次记录一次执行时间。测试的数据分别为 128B、512B、1KB 和 10KB。实验表明：在入队操作中，当数据比较小时 Redis 的性能要高于 RabbitMQ，而如果数据大小超过了 10KB，Redis 则慢得让人无法忍受；在出队操作中，无论数据大小，Redis 都表现出非常好的性能，而 RabbitMQ

的出队性能则远低于 Redis。

3. ZeroMQ

ZeroMQ 号称最快的消息队列系统，尤其针对大吞吐量的需求场景。ZeroMQ 能够实现 RabbitMQ 不擅长的高级、复杂的队列，但是开发人员需要自己组合多种技术框架，技术上的复杂度是 ZeroMQ 能否应用成功的挑战。ZeroMQ 具有一个独特的非中间件的模式，开发人员不需要安装和运行消息服务器或中间件，因为应用程序将扮演这个消息服务器角色。只需要简单地引用 ZeroMQ 程序库，可以使用 NuGet 安装，然后就可以愉快地在应用程序之间发送消息了。但是 ZeroMQ 仅提供非持久性的队列，也就是说如果宕机，数据将会丢失。Twitter 的 Storm 0.9.0 以前的版本中默认使用 ZeroMQ 作为数据流的传输模块（Storm 从 0.9.0 版本开始同时支持将 ZeroMQ 和 Netty 作为传输模块）。

4. ActiveMQ

ActiveMQ 是 Apache 旗下的一个子项目，类似于 ZeroMQ。ActiveMQ 能够以代理人和点对点的技术实现队列；也类似于 RabbitMQ，以少量代码就可以高效地实现高级应用场景。

5. Kafka/Jafka

Kafka 也是 Apache 旗下的一个子项目，是一个高性能跨语言分布式发布/订阅消息队列系统，而 Jafka 是在 Kafka 之上孵化而来的，即 Kafka 的升级版。Kafka/Jafka 具有以下特性：快速持久化，可以在 O(1)的系统开销下进行消息持久化；高吞吐，在一台普通的服务器上即可以达到 100000b/s 的吞吐速率；完全的分布式系统，Broker、Producer、Consumer 都原生自动支持分布式，自动实现负载均衡。

Kafka 支持 Hadoop 数据并行加载，但对于像 Hadoop 的一样的日志数据和离线分析系统，又要求实时处理的限制，这是一个可行的解决方案。Kafka 通过 Hadoop 的并行加载机制统一了在线和离线的消息处理。Apache Kafka 相对于 ActiveMQ 是一个非常轻量级的消息系统，除了性能非常好之外，还是一个工作良好的分布式系统。

1.21 Kafka 单机版实战

本节基于 CentOS 7.x Linux 服务器构建 Kafka 消息服务平台，并且部署单个 Zookeeper（以下简称 ZK）和 Kafka 实例，操作方法和步骤如下。

1.21.1　Kafka 环境准备

本节基于 CentOS 7.x Linux 操作系统部署 Zookeeper 和 Kafka 平台，需要提前从官网下载 Zookeeper 和 Kafka 软件包，官网下载地址如下。

（1）Zookeeper：http://www.apache.org/dyn/closer.cgi/zookeeper/。

（2）Kafka：http://kafka.apache.org/downloads。

```
wget -c https://mirrors.tuna.tsinghua.edu.cn/apache/zookeeper/zookeeper-3.6.3/apache-zookeeper-3.6.3-bin.tar.gz
wget -c https://mirrors.tuna.tsinghua.edu.cn/apache/kafka/2.7.0/kafka_2.12-2.7.0.tgz
```

1.21.2　Zookeeper 服务实战

Zookeeper 部署前需要配置 JDK（Java Development Kit）环境，JDK 是 Java 语言的软件开发工具包（SDK），此处采用 JDK 8.0 版本，配置 Java 环境变量。

（1）安装部署 JDK 工具，操作命令如下：

```
tar -xzf jdk1.8.0_131.tar.gz
mkdir -p /usr/java/
\mv jdk1.8.0_131 /usr/java/
ls -l /usr/java/jdk1.8.0_131/
```

（2）配置 Java 环境变量，在 vi /etc/profile 文件中加入如下代码：

```
export JAVA_HOME=/usr/java/jdk1.8.0_131/
export CLASSPATH=$CLASSPATH:$JAVA_HOME/lib:$JAVA_HOME/jre/lib
export PATH=$JAVA_HOME/bin:$JAVA_HOME/jre/bin:$PATH:$HOME/bin
```

（3）使环境变量立刻生效，同时查看 Java 版本，如果显示版本信息，则证明安装成功。

```
source  /etc/profile
java  -version
```

（4）Kafka 默认是有内置的 Zookeeper 的，如果使用内置的 Zookeeper，则可以直接采用默认集成的，此处选择自定义部署。

```
#解压 Zookeeper 软件包
tar -xzvf apache-zookeeper-3.6.3-bin.tar.gz
#创建 Zookeeper 部署目录
mkdir -p /usr/local/zookeeper/
```

```
#将解压程序移动至 Zookeeper 部署目录
mv apache-zookeeper-3.6.3-bin/* /usr/local/zookeeper/
#查看 Zookeeper 是否部署成功
ls -l /usr/local/zookeeper/
#复制默认模板配置文件
cd /usr/local/zookeeper/conf/
\cp zoo_sample.cfg zoo.cfg
#启动 Zookeeper 软件服务
/usr/local/zookeeper/bin/zkServer.sh start
#查看 Zookeeper 服务进程和端口
ps -ef|grep -ai zookeeper
netstat -tnlp|grep -aiwE 2181
#启动 Zookeeper 客户端命令行
/usr/local/zookeeper/bin/zkCli.sh
#创建测试信息
/usr/local/zookeeper/bin/zkCli.sh
help
create /jfedu
ls /
set /jfedu www.jd.com
get /jfedu
```

1.21.3 Kafka 服务实战

相关代码如下：

```
#解压 Kafka 软件包
tar -xzvf kafka_2.12-2.7.0.tgz
#创建 Kafka 部署目录
mkdir -p /usr/local/kafka/
#将解压程序移动至 Kafka 部署目录
mv kafka_2.12-2.7.0/* /usr/local/kafka/
#查看 Kafka 是否部署成功
ls -l /usr/local/kafka/
#查看默认模板配置文件
ls -l /usr/local/kafka/config/server.properties
#启动 Kafka 软件服务
/usr/local/kafka/bin/kafka-server-start.sh -daemon /usr/local/kafka/
config/server.properties
#查看服务进程和端口
ps -ef|grep -ai kafka
netstat -tnlp|grep -aiwE 9092
```

1.21.4　Kafka 案例实战

Topic 指消息的主题、队列，每个消息都有它的 Topic，Kafka 通过 Topic 对消息进行归类。Kafka 中可以将 Topic 从物理上划分成一个或多个分区（Partition）。

每个分区在物理上对应一个文件夹，以 topicName_partitionIndex 的方式命名。该文件夹包含了这个分区的所有消息（.log）和索引文件（.index），这使 Kafka 的吞吐率可以水平扩展。

（1）创建一个 Topic。

```
cd /usr/local/kafka/bin/
./kafka-topics.sh --create --zookeeper localhost:2181 --replication-factor
1 --partitions 1 --topic testTopic
```

其中，--replication-factor 表示复制因子，此处为 1；--partitions 表示分区，此处为 1。

（2）查看已创建的 Topic，如图 1-23 所示。

```
./kafka-topics.sh --list --zookeeper localhost:2181
```

```
[root@www-jfedu-net bin]# ./kafka-topics.sh --create --zookeeper localhost:2181 --
topic testTopic
Created topic testTopic.
[root@www-jfedu-net bin]#
[root@www-jfedu-net bin]#
[root@www-jfedu-net bin]# ./kafka-topics.sh --list --zookeeper localhost:2181
testTopic
[root@www-jfedu-net bin]#
[root@www-jfedu-net bin]# /usr/local/zookeeper/bin/zkCli.sh
Connecting to localhost:2181
2021-01-05 17:22:30,014 [myid:] - INFO  [main:Environment@98] - Client environment
```

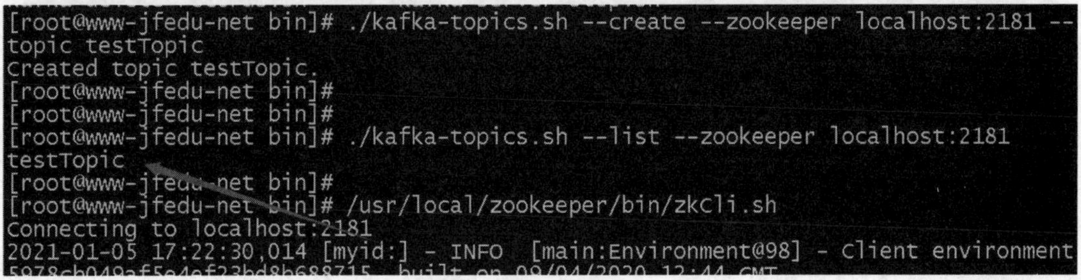

图 1-23　查看已创建的 Topic

（3）进入 Zookeeper 客户端命令行中查看，如图 1-24 所示。

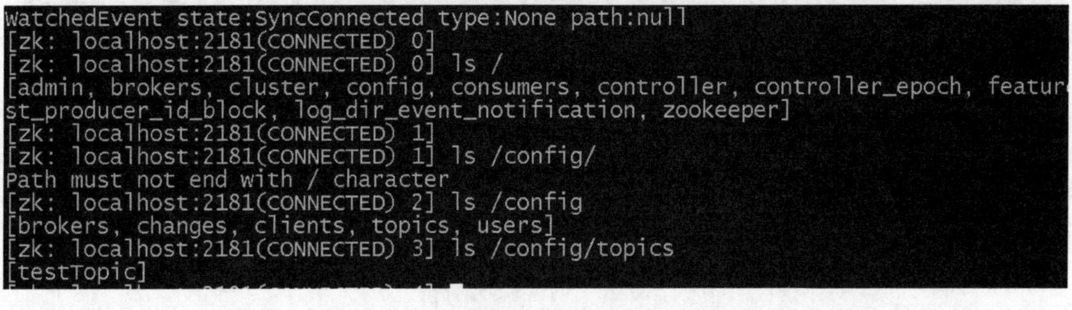

```
WatchedEvent state:SyncConnected type:None path:null
[zk: localhost:2181(CONNECTED) 0]
[zk: localhost:2181(CONNECTED) 0] ls /
[admin, brokers, cluster, config, consumers, controller, controller_epoch, featur
st_producer_id_block, log_dir_event_notification, zookeeper]
[zk: localhost:2181(CONNECTED) 1]
[zk: localhost:2181(CONNECTED) 1] ls /config/
Path must not end with / character
[zk: localhost:2181(CONNECTED) 2] ls /config
[brokers, changes, clients, topics, users]
[zk: localhost:2181(CONNECTED) 3] ls /config/topics
[testTopic]
```

图 1-24　在 Zookeeper 客户端命令行中查看

1.21.5 Kafka 消息测试案例

默认 Kafka 支持生产者从 Console 控制台发送消息，消费者也可以从 Console 控制台接收消息，操作步骤和方法如下。

（1）创建一个生产者（产生消息），如图 1-25 所示。

```
./kafka-console-producer.sh --broker-list localhost:9092 --topic testTopic
www.jfedu.net
qq.com Test
```

其中，--broker-list 表示代理服务器的列表，默认为单台。

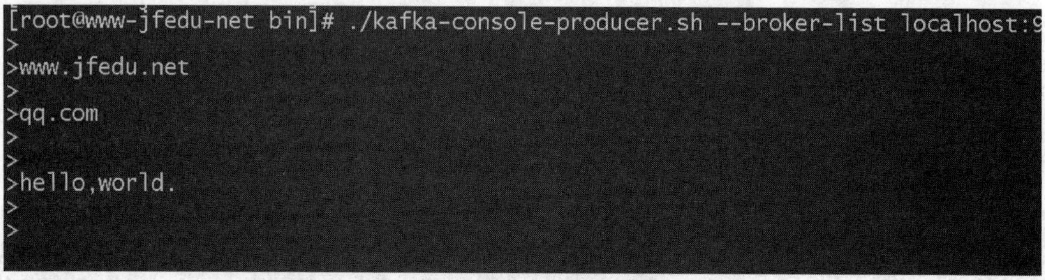

```
[root@www-jfedu-net bin]# ./kafka-console-producer.sh --broker-list localhost:9
>
>www.jfedu.net
>
>qq.com
>
>
>hello,world.
>
>
```

图 1-25 创建一个生产者

（2）创建一个消费者（消费消息），如图 1-26 所示。

```
./kafka-console-consumer.sh --bootstrap-server localhost:9092 --topic
testTopic --from-beginning
```

其中，--from-beginning 表示从消息开始处读取。

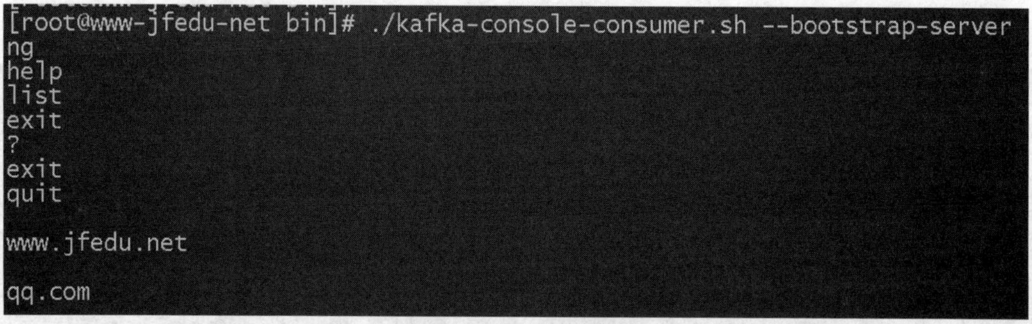

```
[root@www-jfedu-net bin]# ./kafka-console-consumer.sh --bootstrap-server
ng
help
list
exit
?
exit
quit

www.jfedu.net

qq.com
```

图 1-26 创建一个消费者

通过以上方法测试 Kafka 消息的发布和订阅，在生产者的 Console 中输入数据，在消费者的

Console 中可以看到信息，即代表 Kafka 可以成功进行消息的发布和订阅。

1.21.6　Kafka Web 管理实战

Kafka-Manager 是目前最受欢迎的 Kafka 集群管理工具，最早由雅虎开源，现在已经更名为 CMAK（Cluster Manager for Apache Kafka，Apache Kafka 集群管理工具），功能非常齐全，展示的数据非常丰富。开发人员可以在 Web 界面执行一些简单的集群管理操作。同类 Web 管理软件还有 Kafka Offset Monitor、Kafka Web Console。

Kafka-Manager 集群管理工具可以实现以下功能。

（1）管理分布式集群。

（2）监控集群的状态（Topics，Brokers，副本分布，分区分布）。

（3）产生分区分配（Generate Partition Assignments）。

（4）重新分配分区（Partition）。

Kafka Web 管理步骤如下所述。

（1）提前部署 JDK 11 版本，然后安装 Kafka CMAK 工具，部署的方法和步骤如下：

```
#从官网下载 CMAK 工具包
wget -c
https://github.com/yahoo/CMAK/releases/download/3.0.0.4/cmak-3.0.0.4.zip
#解压 CMAK 软件包
unzip cmak-3.0.0.4.zip
#切换至 CMAK 目录
cd cmak-3.0.0.4/
#进入其 conf 配置文件目录
cd conf/
#备份 CMAK 主配置文件
\cp application.conf application.conf.bak
#修改 application.conf 配置文件参数
kafka-manager.zkhosts="localhost:2181"
cmak.zkhosts="localhost:2181"
#启动 CMAK 服务
/usr/local/cmak/bin/cmak -java-home /usr/java/jdk-11.0.10/ -Dconfig.file=
/usr/local/cmak/conf/application.conf -Dhttp.port=8081
#查看 8081 监听端口
netstat -ntlp|grep -aiwE 8081
```

（2）完成以上 CMAK 部署的方法和步骤后，Kafka Web 平台就部署成功了，查看其进程和版本信息，如图 1-27 所示。

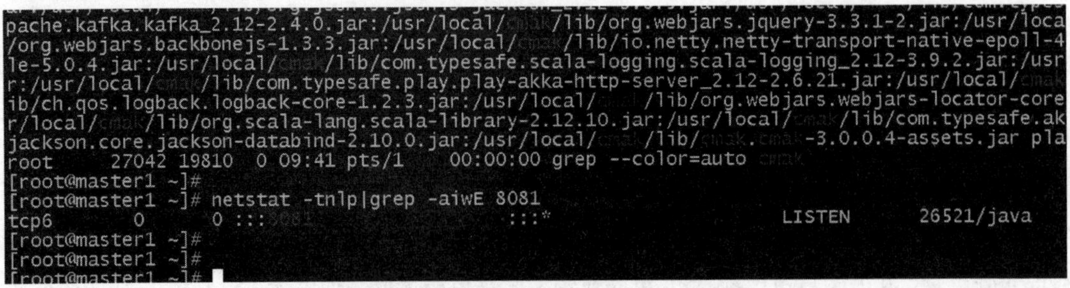

```
pache.kafka.kafka_2.12-2.4.0.jar:/usr/local/cmak/lib/org.webjars.jquery-3.3.1-2.jar:/usr/loca
/org.webjars.backbonejs-1.3.3.jar:/usr/local/cmak/lib/io.netty.netty-transport-native-epoll-4
le-5.0.4.jar:/usr/local/cmak/lib/com.typesafe.scala-logging.scala-logging_2.12-3.9.2.jar:/usr
r:/usr/local/cmak/lib/com.typesafe.play.play-akka-http-server_2.12-2.6.21.jar:/usr/local/cmak
ib/ch.qos.logback.logback-core-1.2.3.jar:/usr/local/cmak/lib/org.webjars.webjars-locator-core
r/local/cmak/lib/org.scala-lang.scala-library-2.12.10.jar:/usr/local/cmak/lib/com.typesafe.ak
jackson.core.jackson-databind-2.10.0.jar:/usr/local/cmak/lib/cmak.cmak-3.0.0.4-assets.jar pla
root     27042 19810  0 09:41 pts/1    00:00:00 grep --color=auto cmak
[root@master1 ~]#
[root@master1 ~]# netstat -tnlp|grep -aiwE 8081
tcp6       0      0 :::8081                 :::*                    LISTEN      26521/java
[root@master1 ~]#
[root@master1 ~]#
[root@master1 ~]#
```

图 1-27　查看 Kafka Web 进程和版本信息

（3）通过浏览器访问 Kafka CMAK Web 8081 端口，如图 1-28 所示。

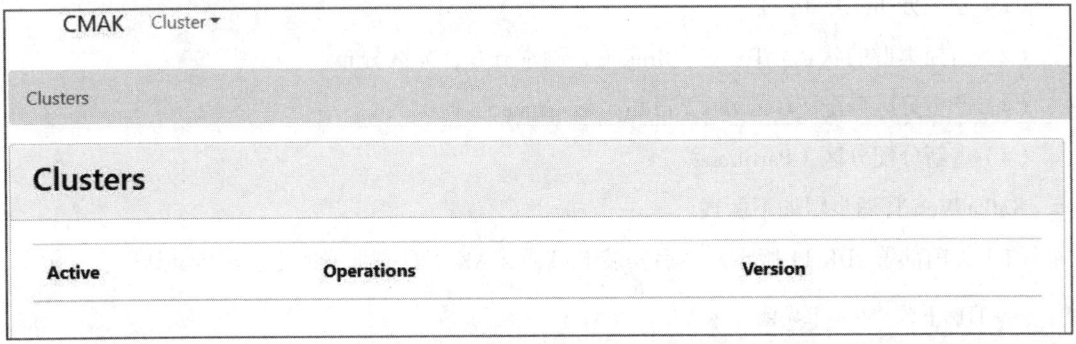

CMAK　Cluster

Clusters

Clusters

Active　Operations　Version

图 1-28　访问 Kafka CMAK Web 8081 端口

（4）选择 Web 界面中 Cluster→Add Cluster 命令，然后按图 1-29 进行配置。

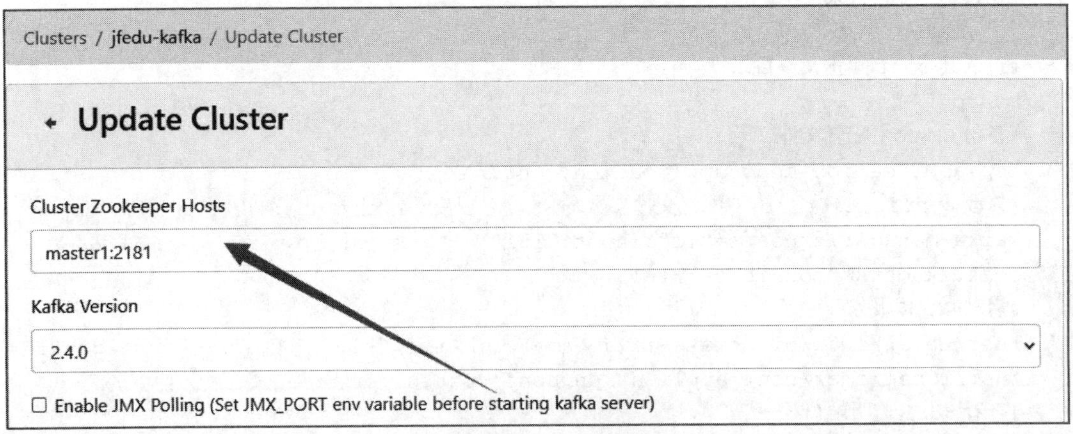

Clusters / jfedu-kafka / Update Cluster

Update Cluster

Cluster Zookeeper Hosts

master1:2181

Kafka Version

2.4.0

Enable JMX Polling (Set JMX_PORT env variable before starting kafka server)

（a）Update Cluster 界面

图 1-29　修改配置

Clusters

Active	Operations	Version
jfedu-kafka	Modify Disable	2.4.0

（b）Cluster 界面

图 1-29　（续）

（5）选择 Web 界面中 Cluster→jfedu-kafka→Topic→Create Topic，如图 1-30 所示。

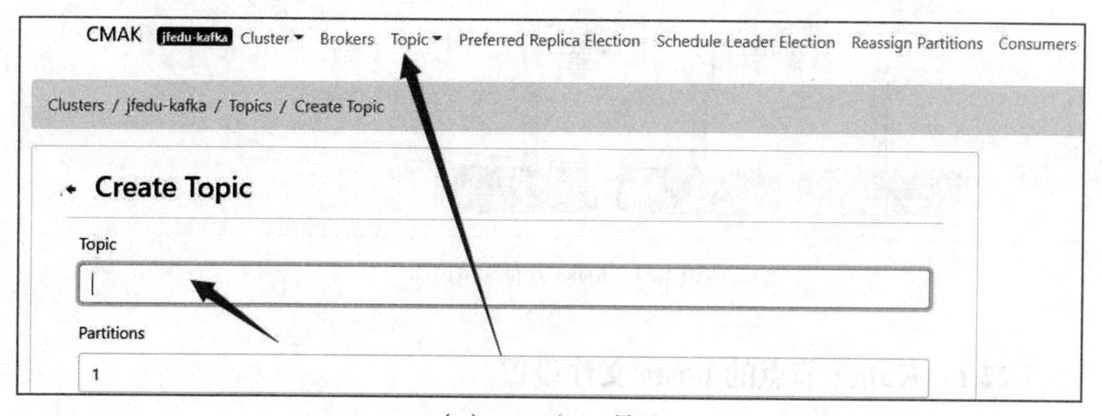

（a）Create Topic 界面

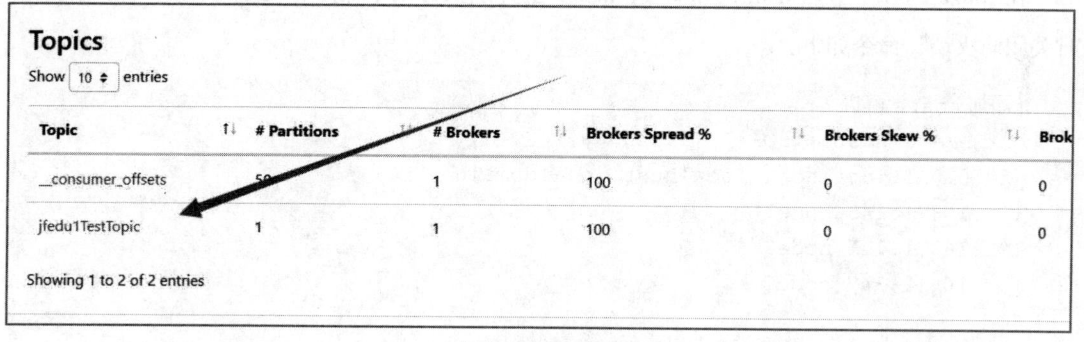

Topics

Show 10 entries

Topic	# Partitions	# Brokers	Brokers Spread %	Brokers Skew %	Brok
__consumer_offsets	50	1	100	0	0
jfedu1TestTopic	1	1	100	0	0

Showing 1 to 2 of 2 entries

（b）Topics 界面

图 1-30　创建 Topic

1.22 Kafka 分布式集群实战

Kafka 是一个分布式高吞吐量的流消息传统系统，建立在 Zookeeper 同步服务之上。它与 Apache Storm 和 Spark 完美集成，用于实时流数据分析。

与其他消息传递系统相比，Kafka 有更高的吞吐量，内置分区，具有数据副本和高度容错功能，因此非常适合应用于大型消息处理场景。Kafka 分布式结构如图 1-31 所示。

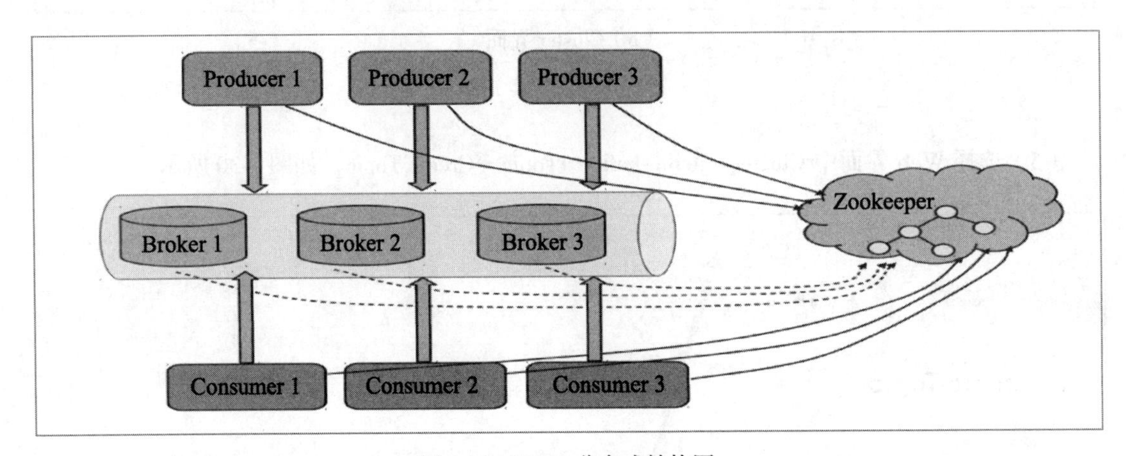

图 1-31　Kafka 分布式结构图

1.22.1 Kafka 节点的 hosts 文件设置

在 Kafka 的 3 个节点 node1、node2、node3 上分别执行以下命令，配置主机 hosts 文件并临时关闭防火墙，命令如下：

```
#添加 hosts 解析
cat >/etc/hosts<<EOF
127.0.0.1 localhost localhost.localdomain
192.168.1.145 node1
192.168.1.146 node2
192.168.1.147 node3
EOF
#临时关闭 SELinux 和防火墙
sed -i '/SELINUX/s/enforcing/disabled/g'  /etc/sysconfig/selinux
setenforce  0
systemctl   stop     firewalld.service
systemctl   disable   firewalld.service
```

```
#同步节点时间
yum install ntpdate -y
ntpdate  pool.ntp.org
#修改对应节点主机名
hostname 'cat /etc/hosts|grep $(ifconfig|grep broadcast|awk '{print $2}')|
awk '{print $2}'';su
```

1.22.2　Kafka 分布式环境准备

本节基于 CentOS 7.x Linux 操作系统部署 Zookeeper 和 Kafka 平台，需要提前从官网下载 Zookeeper 和 Kafka 软件包，官网下载地址如下。

（1）Zookeeper：http://www.apache.org/dyn/closer.cgi/zookeeper/。

（2）Kafka：http://kafka.apache.org/downloads。

```
wget -c https://mirrors.tuna.tsinghua.edu.cn/apache/zookeeper/zookeeper-
3.6.3/apache-zookeeper-3.6.3-bin.tar.gz
wget -c https://mirrors.tuna.tsinghua.edu.cn/apache/kafka/2.7.0/kafka_
2.12-2.7.0.tgz
```

1.22.3　Kafka 分布式服务实战

（1）安装部署 Kafka 服务，操作命令如下：

```
#解压 Kafka 软件包
tar -xzvf kafka_2.12-2.7.0.tgz
#创建 Kafka 部署目录
mkdir -p /usr/local/kafka/
#将解压程序移动至 Kafka 部署目录
mv kafka_2.12-2.7.0/* /usr/local/kafka/
#查看 Kafka 是否部署成功
ls -l /usr/local/kafka/
#查看默认模板配置文件
ls -l /usr/local/kafka/config/server.properties
```

（2）修改 server.properties 配置文件，node2 和 node3 上分别要修改 broker.id 和 hostname 值。node1 的配置文件代码如下：

```
cat>/usr/local/kafka/config/server.properties<<EOF
#当前机器在集群中的唯一标识,与 Zookeeper 的 myid 的性质一样
broker.id=1
#当前 Kafka 对外提供服务的端口默认是 9092
```

```
port=9092
#host.name 参数默认是关闭的,在 0.8.1 有个漏洞,DNS 无法解析问题
host.name=node1
#设置 Broker 进行网络处理的线程数
num.network.threads=3
#设置 Broker 进行 I/O 处理的线程数
num.io.threads=8
#消息存放的目录,这个目录可以配置为以“,”分隔的表达式,num.io.threads 要大于这个目录
#的个数
#如果配置多个目录,新创建的 Topic 将把消息持久化在当前以逗号分隔的目录中分区数最少的那
#一个
log.dirs=/usr/local/kafka/logs
#发送缓冲区大小,数据不是一次性发送的,先会存储到缓冲区,达到一定的大小后再发送,可提高
#性能
socket.send.buffer.bytes=102400
#接收缓冲区大小,在数据达到一定大小后再序列化到磁盘
socket.receive.buffer.bytes=102400
#设置向 Kafka 请求消息或者向 Kafka 发送消息的请求最大数,不能超过 Java 的堆栈大小
socket.request.max.bytes=104857600
#默认的分区数,一个 Topic 默认 1 个分区
num.partitions=1
#默认消息的最大持久化时间,168 小时,7 天
log.retention.hours=168
#消息保存的最大值 5MB
message.max.byte=5242880
#Kafka 保存消息的副本数,如果一个副本失效了,另一个还可以继续提供服务
default.replication.factor=2
#获取消息的最大字节数
replica.fetch.max.bytes=5242880
#文件大小,因为 Kafka 的消息是追加到文件的,当超过这个值时,Kafka 会新创建一个文件
log.segment.bytes=1073741824
#每隔 300000ms 检查一次配置的 log 的失效时间(log.retention.hours=168),到目录查看
#是否有过期的消息,如果有,则删除
log.retention.check.interval.ms=300000
#是否启用 log 压缩,一般不用启用,如果启用,则可以提高性能
log.cleaner.enable=false
#设置 Zookeeper 的连接端口
zookeeper.connect=node1:2181,node2:2181,node3:2181
message.max.byte=5242880
default.replication.factor=2
```

```
replica.fetch.max.bytes=5242880
EOF
```

（3）分别启动 3 个节点上的 Kafka 软件服务，操作命令如下：

```
/usr/local/kafka/bin/kafka-server-start.sh -daemon /usr/local/kafka/
config/server.properties
```

（4）查看服务进程和端口，操作命令如下：

```
ps -ef|grep -ai kafka
netstat -tnlp|grep -aiwE 9092
```

1.23　Kafka 常见故障排错

（1）UnknownTopicOrPartitionException。

```
org.apache.kafka.common.errors.UnknownTopicOrPartitionException:
This server does not host this topic-partition
```

报错内容：分区数据不存在。

原因分析：Producer 向不存在的 Topic 发送消息。开发人员可以检查 Topic 是否存在或者设置 auto.create.topics.enable 参数。

（2）LEADER_NOT_AVAILABLE。

```
WARN Error while fetching metadata with correlation id 0 : {test=LEADER_
NOT_AVAILABLE} (org.apache.kafka.clients.NetworkClient)
```

报错内容：Leader 不可用。

原因分析：原因很多，如 Topic 正在被删除、正在进行 Leader 选举。使用 kafka-topics 脚本检查 Leader 信息，进而检查 Broker 的存活情况，尝试重启解决。

（3）NotLeaderForPartitionException。

```
org.apache.kafka.common.errors.NotLeaderForPartitionException: This
server is not the leader for that topic-partition
```

报错内容：Broker 已经不是对应分区的 Leader 了。

原因分析：发生在 Leader 变更时。当 Leader 从一个 Broker 切换到另一个 Broker 时，要分析是什么原因引起了 Leader 的切换。

（4）TimeoutException。

```
org.apache.kafka.common.errors.TimeoutException: Expiring 5 record(s) for
test-0: 30040 ms has passe
```

报错内容：请求超时。

原因分析：观察哪里抛出的、网络是否能连接，如果可以连接，则可以考虑增加 request.timeout.ms 的值。

（5）RecordTooLargeException。

```
WARN async.DefaultEventHandler: Produce request with correlation id 92548048
failed due to [TopicName,1]: org.apache.kafka.common.errors.Record
TooLargeException
```

报错内容：消息过大。

原因分析：生产者端的消息来不及处理，可以增加 request.timeout.ms，减少 batch.size。

（6）Closing socket connection。

```
Closing socket connection to/127,0,0,1.(kafka.network.Processor)
```

报错内容：连接关闭。

原因分析：如果 JavaAPI Producer 版本高，想在客户端 Consumer 启动低版本验证，则会不停地报错，无法识别客户端消息。

（7）ConcurrentModificationException。

```
java.util.ConcurrentModificationException: KafkaConsumer is not safe for
multi-threaded access
```

报错内容：线程不安全。

原因分析：Consumer 是非线程安全的。

（8）NetWorkException [kafka-producer-network-thread | producer-1] o.apache.kafka.common.network.Selector : [Producer clientId=producer-1] Connection with / disconnected。

报错内容：网络异常。

原因分析：网络连接中断，检查 Broker 的网络情况。

（9）ILLEGAL_GENERATIONILLEGAL_GENERATION occurred while committing offsets for group。

报错内容：无效的“代”。

原因分析：Consumer 错过了 rebalance（再平衡），原因是 Consumer 花了大量时间处理数据。需要适当减小 max.poll.records 的值，增大 max.poll.interval.ms 的值或想办法加快消息处理的速度。

第 2 章 Ceph 企业级分布式存储实战

2.1 Ceph 概念简介

Ceph 是加州大学 Santa Cruz 分校的 Sage Weil（DreamHost 的联合创始人，以下简称 Sage）专为博士论文设计的新一代自由软件分布式文件系统。自 2007 年毕业之后，Sage 开始全职投入 Ceph 开发。Ceph 的主要目标是设计成基于 POSIX 的、没有单点故障的分布式文件系统，使数据能容错和无缝地复制。2010 年 3 月，Linus Torvalds 将 Ceph client 合并到 Linux Core 2.6.34 中。

Ceph 是开源社区的明星项目，也是私有云事实上的标准——OpenStack 的默认存储后端。Ceph 是一种软件定义存储，可以运行在几乎所有主流的 Linux 发行版（如 CentOS 和 Ubuntu）和其他类似 UNIX 的操作系统（典型的如 FreeBSD）上。

Ceph 的分布式基因使其可以轻易管理成百上千个节点、PB 级（1PB=1024TB）及以上存储容量的大规模集群，同时由于基于计算的扁平寻址设计，使得 Ceph 客户端可以直接和服务端的任意节点通信，从而避免因为存在访问热点而出现性能瓶颈。

Ceph 是一个统一存储系统，既支持传统的块、文件存储协议，如 SAN 和 NAS，也支持对象存储协议，如 S3 和 Swift。

Ceph 是为实现优秀的性能、可靠性和可扩展性而设计的统一的、分布式文件系统，还是一个开源的分布式文件系统。因为其支持块存储、对象存储，所以很自然地被用作云计算框架 OpenStack 或 CloudStack 整个存储的后端。当然 Ceph 也可以单独作为存储，如部署一个集群作为对象存储、SAN 存储、NAS 存储等。

所有 Ceph 部署都始于 Ceph 存储集群。开发人员可以用同一个集群同时运行 Ceph RADOS

网关、CephFS 文件系统和 Ceph 块设备。

Ceph 对象存储使用 Ceph 对象网关守护进程（Radosgw），它是一个与 Ceph 存储集群交互的 FastCGI 模块。

Ceph 对象网关可与 CephFS 客户端或 Ceph 块设备客户端共用一个存储集群。S3 和 Swift 接口共用一个通用命名空间，所以开发人员可以用一个接口写入数据，然后用另一个接口读取数据，具体可查看官方文档。

Ceph 文件系统（CephFS）是一个与 POSIX（Portable Operating System Interface，可移植操作系统接口）兼容的文件系统，它使用 Ceph 存储集群来存储数据。Ceph 文件系统与 Ceph 块设备、同时提供 S3 和 Swift API 的 Ceph 对象存储、原生库（Librados）一样，都使用相同的 Ceph 存储集群系统。

Ceph 文件系统要求 Ceph 存储集群内至少有一个 Ceph 元数据服务器，具体可查看官方文档。

Ceph 块设备是精简配置的、大小可调且将数据条带化存储到集群内的多个 OSD（Object Storage Device，对象存储设备）。Ceph 块设备可以利用 RADOS 的多种能力，如快照、复制和一致性。Ceph 的 RADOS 块设备（RBD）使用内核模块或 Librados 库与 OSD 交互。Ceph 块设备靠无限伸缩性提供了高性能，如向内核模块、或向 abbr：KVM（Kernel Virtual Machines）提供（如 Qemu、OpenStack 和 CloudStack 等云计算系统通过 Libvirt 和 Qemu 可与 Ceph 块设备集成），具体可查看官方文档。

2.2 Ceph 工作原理

Ceph 存储架构中从下到上，可以将 Ceph 系统分为 4 个层面，分别是 RADOS（基础存储系统）、Librados（基础库）、高层应用接口、应用层，如图 2-1 所示。

Ceph 4 个层面的组件功能如下。

1. RADOS

顾名思义，RADOS（Reliable，Autonomic，Distributed Object Store，可靠的、自动化的、分布式的对象存储）这一层本身就是一个完整的对象存储系统，所有存储在 Ceph 系统中的用户数据事实上都是由这一层存储的。

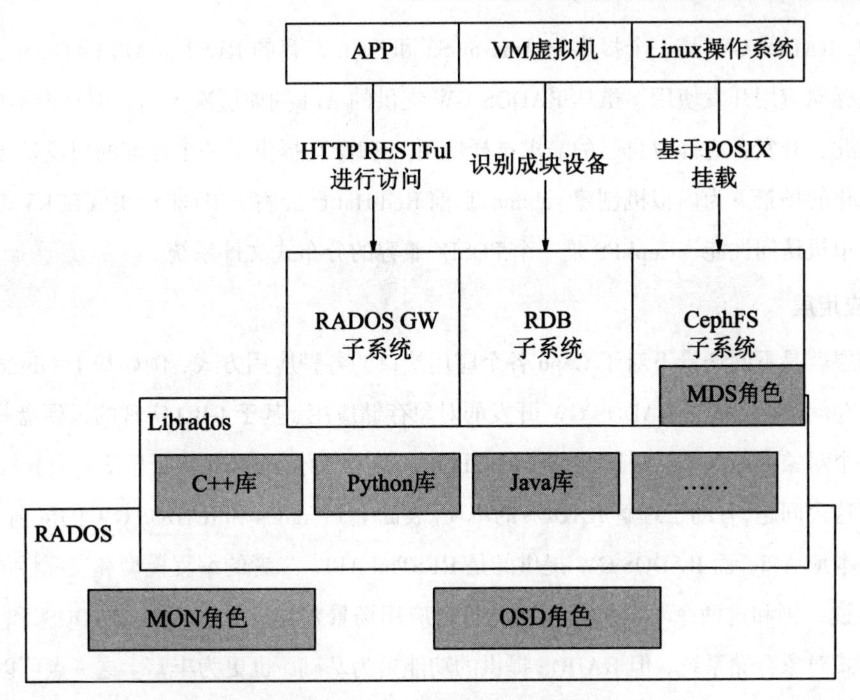

图 2-1　Ceph 组件及工作流程

而 Ceph 的高可靠、高可扩展、高性能、高自动化等特性本质上也是由这一层提供的，因此理解 RADOS 是理解 Ceph 的基础与关键。物理上，RADOS 由大量的存储设备节点组层，每个节点都拥有自己的硬件资源（CPU、内存、硬盘、网络），并运行着操作系统和文件系统。

2. Librados

Librados 层的功能是对 RADOS 进行抽象和封装，并向上层提供 API，以便直接基于 RADOS（而不是整个 Ceph）进行应用开发。特别要注意的是，RADOS 是一个对象存储系统，因此 Librados 实现的 API 也只是针对对象存储功能的。RADOS 采用 C++开发，所提供的原生 Librados API 包括 C 和 C++两种。物理上，Librados 和基于其上开发的应用位于同一台计算机，因而也被称为本地 API。应用调用本机上的 Librados API，再由后者通过 socket 与 RADOS 集群中的节点通信并完成各种操作。

3. 高层应用接口

高层应用接口层包括了 3 部分：RADOS GW（RADOS Gateway）、RBD（Reliable Block Device）和 CephFS（Ceph File System），其作用是在 Librados 库的基础上提供抽象层次更高、更便于应用或客户端使用的上层接口。

其中，RADOS GW 是一个提供与 Amazon S3 和 Swift 兼容的 RESTful API 的 Gateway，以供相应的对象存储应用开发使用。虽然 RADOS GW 提供的 API 抽象层次更高，但功能不如 Librados 强大。因此，开发者应针对自己的需求选择使用。RBD 则提供了一个标准的块设备接口，常用于在虚拟化的场景下为虚拟机创建 volume。目前 Red Hat 已经将 RBD 驱动集成在 KVM/Qemu 中，以提高虚拟机访问性能。CephFS 是一个 POSIX 兼容的分布式文件系统。

4. 应用层

应用层就是不同场景下对于 Ceph 各个应用接口的各种应用方式，例如基于 Librados 直接开发的对象存储应用、基于 RADOS GW 开发的对象存储应用、基于 RBD 实现的云硬盘等。RADOS 已经是一个对象存储系统，并且可以提供 Librados API，为何还要再单独开发一个 RADOS GW？

理解这个问题，有助于理解 RADOS 的本质。表面上 Librados 和 RADOS GW 的区别是 Librados 提供的是本地 API，而 RADOS GW 提供的是 RESTful API，二者的编程模型和实际性能不同。而更进一步说，则和这两个不同抽象层次的目标应用场景差异有关。虽然 RADOS 和 S3、Swift 同属分布式对象存储系统，但 RADOS 提供的功能更为基础，也更为丰富。这一点可以通过对比看出。

由于 Swift 和 S3 支持的 API 功能近似，这里以 Swift 举例说明。Swift 提供的 API 功能主要有以下 3 种。

（1）用户管理操作：认证用户、获取账户信息、列出容器列表等。

（2）容器管理操作：创建/删除容器、读取容器信息、列出容器内对象列表等。

（3）对象管理操作：对象的写入、读取、复制、更新、删除、访问许可设置、元数据读取或更新等。

由此可见，Swift（以及 S3）提供的 API 所操作的“对象”只有 3 个：用户账户、用户存储数据对象的容器、数据对象，并且所有的操作均不涉及存储系统的底层硬件或系统信息。不难看出，这样的 API 设计完全是针对对象存储应用开发者和对象存储应用用户的，假定其开发者和用户关心的内容更偏重于对账户和数据的管理，而对底层存储系统细节不感兴趣，更不关心效率、性能等方面的深入优化。

而 Librados API 的设计思想则与此完全不同。一方面，Librados 中没有账户、容器这样的深层概念；另一方面，Librados API 向开发者开放了大量的 RADOS 状态信息与配置参数，允许开发者对 RADOS 系统及其中存储的对象的状态进行观察，并强有力地对系统存储策略进行控制。

通过调用 Librados API，应用不仅能够实现对数据对象的操作，还能够实现对 RADOS 系统的管理和配置。这对于 S3 和 Swift 的 RESTFul API 的设计是不可想象的，也是没有必要的。

基于上述分析对比，Librados 更适合对于系统有深刻理解，同时对于功能定制扩展和性能深度优化有强烈需求的高级用户。

基于 Librados 的开发可能更适合在私有 Ceph 系统上开发专用应用，或者为基于 Ceph 的公有存储系统开发后台数据管理、处理应用。

基于 RADOS GW 的开发则更适合常见的基于 Web 的对象存储应用，如公有云上的对象存储服务。

2.3　Ceph 优点简介

Ceph 是一个分布式存储系统，诞生于 2004 年，最早致力于开发下一代高性能分布式文件系统的项目。Ceph 乘上了 OpenStack 的东风，进而成为开源社区关注度较高的项目之一，有 4 个优点。

1. Crush算法

Crush 算法是 Ceph 的两大创新之一，简单来说，Ceph 摒弃了传统的集中式存储元数据寻址的方案，转而使用 Crush 算法完成数据的寻址操作。Crush 在一致性哈希基础上很好地考虑了容灾域的隔离，能够实现各类负载的副本放置规则，如跨机房、机架感知等。Crush 算法有相当强大的扩展性，理论上支持数千个存储节点。

当用户要将数据存储到 Ceph 集群时，数据先被分割成多个 Object（每个 Object 一个 Object ID，大小可设置，默认是 4MB），Object 是 Ceph 的最小存储单元。由于 Object 的数量很多，为了有效减少从 Object 到 OSD 的索引表，降低元数据的复杂度，使得写入和读取更加灵活，引入了 PG（Placement Group，放置组）。

PG 用来管理 Object，每个 Object 通过 Hash（哈希算法）映射到某个 PG 中，一个 PG 可以包含多个 Object。PG 再通过 Crush 计算映射到 OSD 中。如果有 3 个副本，则每个 PG 都会映射到 3 个 OSD，保证了数据的冗余。

2. 高可用

Ceph 中的数据副本数量可以由管理员自行定义，并可以通过 Crush 算法指定副本的物理存储位置以分隔故障域，支持数据的强一致性。Ceph 可以支持多种故障场景并自动尝试并行修复。

3. 高扩展性

Ceph 不同于 Swift，客户端所有的读写操作都要经过代理节点。一旦集群并发量增大时，代理节点就很容易成为单点瓶颈。Ceph 本身没有主控节点，扩展起来比较容易，理论上它的性能会随着磁盘数量的增加而线性增长。

Swift 和 Ceph 都提供对象存储，它们将数据转换成二进制对象并将其复制到存储中。Ceph 和 Swift 对象存储都是在 Linux 文件系统上创建的，在某些时候，它们可以是一个可选的 Linux 文件系统。

4. 特性丰富

Ceph 支持 3 种调用接口：对象存储、块存储和文件系统挂载，3 种方式可以一同使用。在国内一些公司的云环境中，通常会采用 Ceph 作为 OpenStack 的唯一后端存储提升数据转发效率。

2.4 Ceph 必备组件

1. OSD（Object Storage Device）

Ceph OSD 守护进程的功能是存储数据，处理数据的复制、恢复、回填、再均衡操作，并通过检查其他 OSD 守护进程的心跳向 Ceph Monitor 提供一些监控信息。当 Ceph 存储集群设定为有 2 个副本时，至少需要 2 个 OSD 守护进程，集群才能达到 Active+Clean 状态（Ceph 默认有 3 个副本，但可以自行调整副本数）。

2. MON（Monitor）

Ceph Monitor 维护着展示集群状态的各种图表，包括监视器图、OSD 图、PG（Placement Group，归置组）图和 Crush 图。Ceph 保存着发生在 Monitor、OSD 和 PG 上的每一次状态变更的历史信息（称为 Epoch，是一个通用的实时的图表库，用于构建漂亮、平滑和高性能的可视化图形图表）。

3. MDS（Ceph MetaData Server，Ceph元数据服务器）

Ceph MDS 为 Ceph 文件系统存储元数据（也就是说，Ceph 块设备和 Ceph 对象存储不使用 MDS）。元数据服务器使得 POSIX 文件系统的用户可以在不对 Ceph 存储集群造成负担的前提下，执行 ls、find 等基本命令。MDS 能够控制 Client 和 OSD 的交互，还可以管理限额控制、目录和文件的创建与删除，以及访问控制权限等。

4. PG

PG 是 OSD 之上的一层逻辑，可视其为一个逻辑概念。Ceph 把对象映射到 PG 中。从名字可理解 PG 是一个放置策略组，很多个对象一起组团，然后再存入 OSD，以方便定位和跟踪对象。

因为一个拥有数百万对象的系统，不可能在对象这一级跟踪位置。可以把 PG 看作一个对象集合，该集合里的所有对象都具有相同的放置策略：对象的副本都分布在相同的 OSD 列表上。

PG 减少了各对象存入对应 OSD 时的元数据数量，更多的 PG 使得均衡更好。PG 有主从之分，对于多副本而言，一个 PG 的主从副本分布在不同的 OSD 上；一个对象只能属于一个 PG，一个 PG 可以包含多个对象；一个 PG 对应一个 OSD 列表，PG 的所有对象均存放在对应的 OSD 列表上。

5. Pool（存储池）

Pool 是一个抽象的存储池，是 PG 之上的一层逻辑。所有的对象都必须存在 Pool 中。Pool 管理着归置组数量、副本数量和 Pool 规则集。要向 Pool 中存数据，用户必须通过认证，且权限合适。Pool 可做快照。

如果把整个 Ceph 存储系统看作一个数据库，那么 Pool 的角色可以看作数据库表。用户可能需要根据不同的需求把对象存储在不同的 Pool 中。

一个 Pool 由多个 PG 构成，一个 PG 只能属于一个 Pool。同一个 Pool 中的 PG 类型相同。例如，如果 Pool 为副本类型，则 Pool 中所有的 PG 都是多副本的。

6. PGP（Placement Group for Placement，归置组的放置组）

PGP 是 PG 的归置组，起对 PG 进行归置的作用。PGP 的取值应该与 PG 相同，当 PG 的值增大时，也要相应增大 PGP 的值。

当一个 Pool 的 PG 增大后，Ceph 并不会开始进行 Rebalancing，只有在 PGP 的值增大后，PG 才会开始迁移至其他 OSD 上，并且开始 Rebalancing。

2.5　Ceph 环境准备

在企业生产环境中，构建 Ceph 分布式存储至少需要准备 3 台 Linux 服务器，此处为本次试验所需的机器列表，见表 2-1。

表 2-1 Ceph存储服务器列表信息

节　点	IP 地 址	描　述
node1	192.168.1.145	OSD，Admin，Monitor
node2	192.168.1.146	OSD，MDS
node3	192.168.1.147	OSD，MDS
node4	192.168.1.148	Client客户端

2.6 hosts 及防火墙设置

修改并设置 node1、node2、node3 节点的 hosts 文件、主机名、临时关闭防火墙、SELinux 策略，操作方法和命令如下：

```
#添加 hosts 解析
cat >/etc/hosts<<EOF
127.0.0.1 localhost localhost.localdomain
192.168.1.145 node1
192.168.1.146 node2
192.168.1.147 node3
EOF
#临时关闭 SELinux 和防火墙
sed -i '/SELINUX/s/enforcing/disabled/g'  /etc/sysconfig/selinux
setenforce  0
systemctl   stop    firewalld.service
systemctl   disable   firewalld.service
#同步节点时间
yum install ntpdate -y
ntpdate  pool.ntp.org
#修改对应节点主机名
hostname 'cat /etc/hosts|grep $(ifconfig|grep broadcast|awk '{print $2}')|
awk '{print $2}'';su
```

2.7 Ceph 网络源管理

在 node1 管理节点上使用阿里 yum 源，操作命令如下：

```
#安装 Wget 工具
yum install wget -y
```

```
#删除默认 yum 源
rm -rf /etc/yum.repos.d/*
#添加阿里源及扩展源
cd /etc/yum.repos.d/
wget http://mirrors.aliyun.com/repo/Centos-7.repo
wget http://mirrors.aliyun.com/repo/epel-7.repo
cat>/etc/yum.repos.d/ceph.repo<<EOF
[ceph]
name=ceph
baseurl=http://mirrors.aliyun.com/ceph/rpm-jewel/el7/x86_64/
gpgcheck=0
priority=1
[ceph-noarch]
name=cephnoarch
baseurl=http://mirrors.aliyun.com/ceph/rpm-jewel/el7/noarch/
gpgcheck=0
priority=1
[ceph-source]
name=Ceph source packages
baseurl=http://mirrors.aliyun.com/ceph/rpm-jewel/el7/SRPMS
gpgcheck=0
priority=1
EOF
#清理 yum 本地缓存数据
yum clean all
```

2.8　Ceph-deploy 管理工具

Ceph-deploy 是 Ceph 官方提供的部署工具，基于 SSH，远程登录其他各个节点并执行命令完成部署过程，通常在 node 节点上安装此工具。

Ceph-deploy 工具默认使用 root 用户 SSH 到各 Ceph 节点执行命令。为了方便，需要提前设置免密码登录各个节点。如果 Ceph-deploy 以普通用户登录，那么这个用户必须有无密码使用 sudo 的权限。部署 Ceph-deploy 的方法和命令如下：

```
#安装 Ceph-deploy 服务
yum -y install ceph-deploy
```

```
#创建 Monitor 服务
mkdir /etc/ceph
cd /etc/ceph/
ceph-deploy new node1
#执行以上指令,会创建对应 Ceph 的配置文件、日志文件和 Monitor 密钥文件
ceph.conf
ceph-deploy-ceph.log
ceph.mon.keyring
#如需修改守护进程数(副本数),则在 ceph.conf 配置文件添加以下代码
cat>>ceph.conf<<EOF
osd_pool_default_size = 2
EOF
```

2.9 Ceph 软件安装

在 node1 生成公钥和私钥，实现所有节点免密钥登录，同时在所有的 Ceph 节点安装 Ceph 软件程序，操作的方法和命令如下：

```
#在 node1 节点生成公钥和私钥
ssh-keygen -t rsa -N '' -f ~/.ssh/id_rsa -q
```

其中，

- –t 表示要创建的密钥的类型；
- –N 表示密码为空；
- –f 表示保存文件~/.ssh/id_rsa 和~/.ssh/id_rsa.pub；
- –q 表示静默模式，不输出显示。

```
#将公钥复制至各个节点
for i in 'seq 1 3';do ssh-copy-id -i ~/.ssh/id_rsa.pub node$i ;done
#为每个节点安装 Ceph 服务
ceph-deploy install node1 node2 node3
```

2.10 部署 Monitor（监控）

所有 node（节点）的 Ceph 服务安装完成之后，需要在 node1 上配置 Monitor（监控）服务，操作的方法和命令如下：

```
#创建 Monitor（监控）
ceph-deploy mon create node1
#收集 keyring（密钥环）信息
ceph-deploy gatherkeys node1
#查看生成的配置文件和密钥
ls
ceph.bootstrap-mds.keyring  ceph.bootstrap-rgw.keyring  ceph-deploy-
ceph.log
ceph.bootstrap-mgr.keyring  ceph.client.admin.keyring   ceph.mon.keyring
ceph.bootstrap-osd.keyring  ceph.conf  rbdmap
```

2.11　创建 OSD 存储节点

在所有 node（节点）上创建 Ceph 数据存储目录，同时初始化 OSD 节点，操作的方法和命令如下，结果如图 2-2 所示。

```
#为每个节点创建 Ceph 存储目录
for i in $(seq 1 3);do ssh -l root node$i "mkdir -p /data/" ;done
#创建并初始化 OSD 节点
ceph-deploy osd prepare node1:/data/ node2:/data/ node3:/data/
#在不同的主机上可以看到,对应的节点会生成文件
ls -l /data/
ceph_fsid fsid magic
```

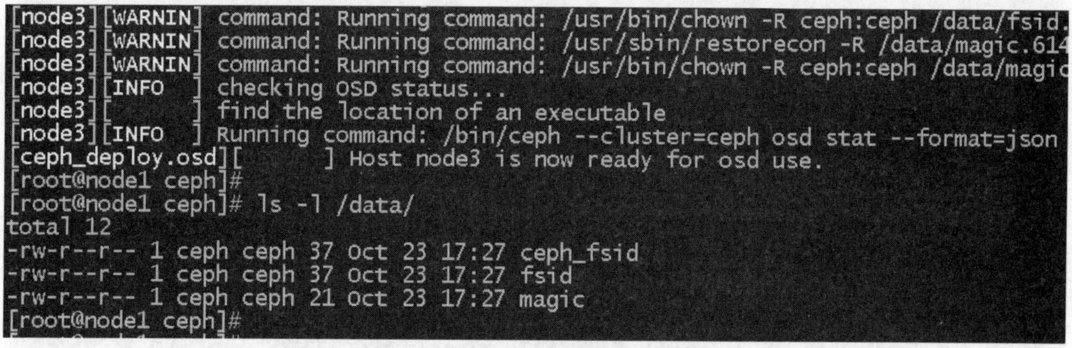

```
[node3][WARNIN] command: Running command: /usr/bin/chown -R ceph:ceph /data/fsid.
[node3][WARNIN] command: Running command: /usr/sbin/restorecon -R /data/magic.614
[node3][WARNIN] command: Running command: /usr/bin/chown -R ceph:ceph /data/magic
[node3][INFO  ] checking OSD status...
[node3][      ] find the location of an executable
[node3][INFO  ] Running command: /bin/ceph --cluster=ceph osd stat --format=json
[ceph_deploy.osd][      ] Host node3 is now ready for osd use.
[root@node1 ceph]#
[root@node1 ceph]# ls -l /data/
total 12
-rw-r--r-- 1 ceph ceph 37 Oct 23 17:27 ceph_fsid
-rw-r--r-- 1 ceph ceph 37 Oct 23 17:27 fsid
-rw-r--r-- 1 ceph ceph 21 Oct 23 17:27 magic
[root@node1 ceph]#
```

图 2-2　创建 OSD 存储节点结果

2.12 激活 OSD 存储节点

在 node1 管理节点上激活各节点的 OSD 存储节点，操作的方法和命令如下，结果如图 2-3 所示。

```
#激活 OSD 存储目录
ceph-deploy osd activate node1:/data/ node2:/data/ node3:/data/
#如报提示没有权限的错误,需给 3 个节点的/data/读写、执行权限
for i in $(seq 1 3);do ssh -l root node$i "chmod 777 -R /data/" ;done
#重新执行激活命令
ceph-deploy osd activate node1:/data/ node2:/data/ node3:/data/
```

```
[root@node1 ceph]# ceph-deploy osd activate node1:/data/ node2:/data/ node3:/data/
[ceph_deploy.conf][DEBUG ] found configuration file at: /root/.cephdeploy.conf
[ceph_deploy.cli][INFO  ] Invoked (1.5.39): /usr/bin/ceph-deploy osd activate node1:/
[ceph_deploy.cli][INFO  ] ceph-deploy options:
[ceph_deploy.cli][INFO  ]  username                      : None
[ceph_deploy.cli][INFO  ]  verbose                       : False
[ceph_deploy.cli][INFO  ]  overwrite_conf                : False
[ceph_deploy.cli][INFO  ]  subcommand                    : activate
[ceph_deploy.cli][INFO  ]  quiet                         : False
[ceph_deploy.cli][INFO  ]  cd_conf                       : <ceph_deploy.conf.cephdep
[ceph_deploy.cli][INFO  ]  cluster                       : ceph
[ceph_deploy.cli][INFO  ]  func                          : <function osd at 0x7f6b7f
[ceph_deploy.cli][INFO  ]  ceph_conf                     : None
[ceph_deploy.cli][INFO  ]  default_release               : False
```

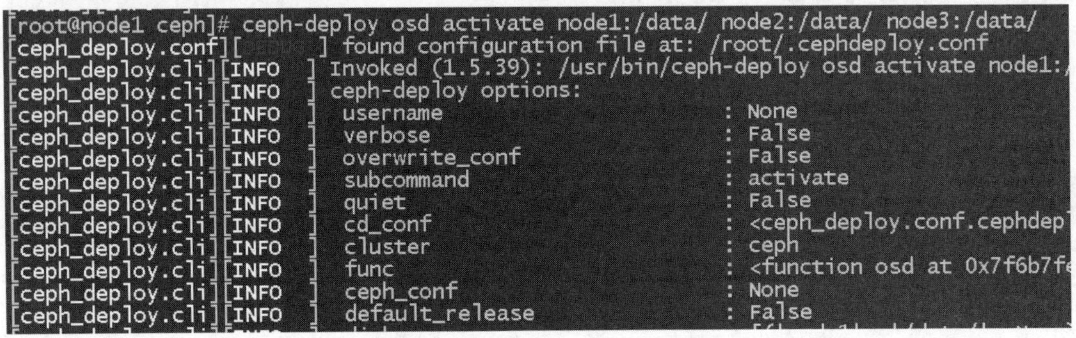

图 2-3 激活 OSD 存储节点结果

根据以上指令，激活完各个节点的 OSD 数据之后，可以使用命令查看 OSD 状态信息，操作命令如下，结果如图 2-4 所示。

```
ceph-deploy osd list node1
```

```
[root@node1 ceph]# ceph-deploy osd list node1
[ceph_deploy.conf][DEBUG ] found configuration file at: /root/.cephdeploy.conf
[ceph_deploy.cli][INFO  ] Invoked (1.5.39): /usr/bin/ceph-deploy osd list node1
[ceph_deploy.cli][INFO  ] ceph-deploy options:
[ceph_deploy.cli][INFO  ]  username                      : None
[ceph_deploy.cli][INFO  ]  verbose                       : False
[ceph_deploy.cli][INFO  ]  overwrite_conf                : False
[ceph_deploy.cli][INFO  ]  subcommand                    : list
[ceph_deploy.cli][INFO  ]  quiet                         : False
[ceph_deploy.cli][INFO  ]  cd_conf                       : <ceph_deploy.conf.ceph
[ceph_deploy.cli][INFO  ]  cluster                       : ceph
[ceph_deploy.cli][INFO  ]  func                          : <function osd at 0x7f4
[ceph_deploy.cli][INFO  ]  ceph_conf                     : None
[ceph_deploy.cli][INFO  ]  default_release               : False
```

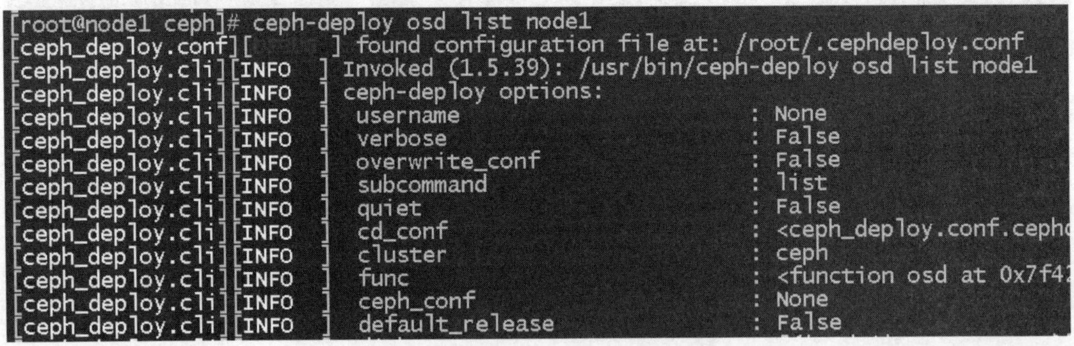

图 2-4 查看 OSD 节点状态信息

基于以下命令可以将 node1 节点的配置文件和 admin 密钥同步到各个节点，以便当各个节点使用 Ceph 命令时无须指定 Monitor 地址和 admin.keyring 密钥。操作的方法和命令如下，结果如图 2-5 所示。

```
ceph-deploy admin node1 node2 node3
```

```
[root@node1 ceph]# ceph-deploy admin node1 node2 node3
[ceph_deploy.conf][       ] found configuration file at: /root/.cephdeploy.conf
[ceph_deploy.cli][INFO  ] Invoked (1.5.39): /usr/bin/ceph-deploy admin node1 node2 n
[ceph_deploy.cli][INFO  ] ceph-deploy options:
[ceph_deploy.cli][INFO  ]  username                      : None
[ceph_deploy.cli][INFO  ]  verbose                       : False
[ceph_deploy.cli][INFO  ]  overwrite_conf                : False
[ceph_deploy.cli][INFO  ]  quiet                         : False
[ceph_deploy.cli][INFO  ]  cd_conf                       : <ceph_deploy.conf.cephdep
[ceph_deploy.cli][INFO  ]  cluster                       : ceph
[ceph_deploy.cli][INFO  ]  client                        : ['node1', 'node2', 'node3
[ceph_deploy.cli][INFO  ]  func                          : <function admin at 0x7f23
[ceph_deploy.cli][INFO  ]  ceph_conf                     : None
[ceph_deploy.cli][INFO  ]  default_release               : False
```

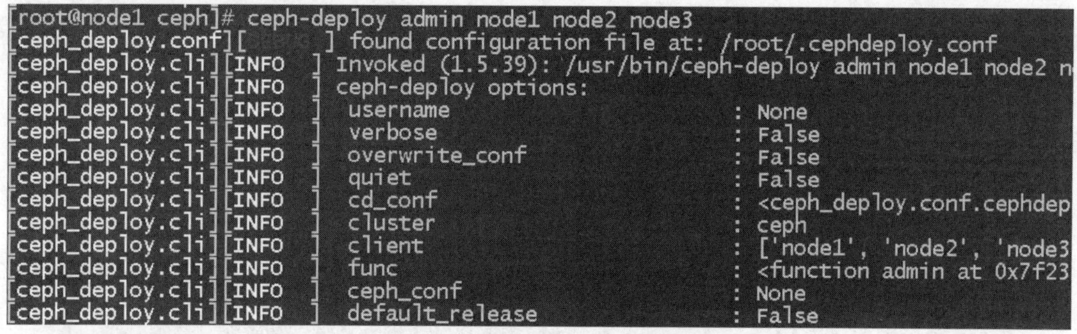

图 2-5 同步 admin 密钥至各个节点

2.13 检查 OSD 状态

根据以上所有的操作步骤和命令，Ceph 最重要的 OSD 数据存储服务已经部署成功，可以通过以下指令查看其运行状态，结果如图 2-6 所示。

```
ceph health
HEALTH_OK
```

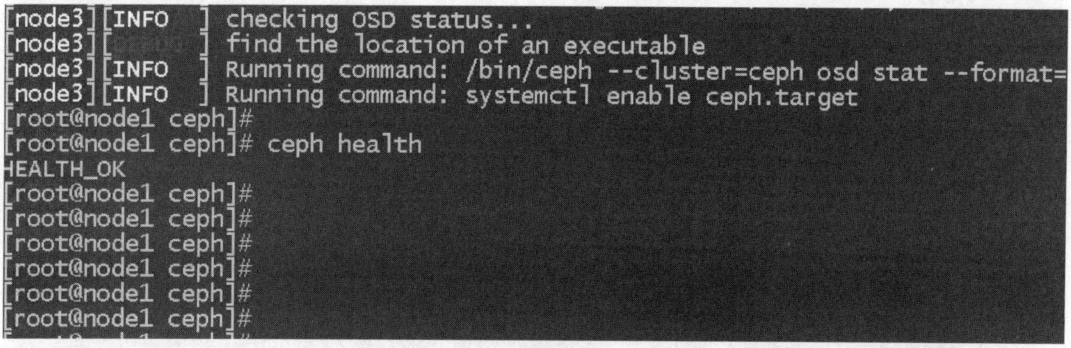

```
[node3][INFO  ] checking OSD status...
[node3][      ] find the location of an executable
[node3][INFO  ] Running command: /bin/ceph --cluster=ceph osd stat --format=
[node3][INFO  ] Running command: systemctl enable ceph.target
[root@node1 ceph]#
[root@node1 ceph]# ceph health
HEALTH_OK
[root@node1 ceph]#
[root@node1 ceph]#
[root@node1 ceph]#
[root@node1 ceph]#
[root@node1 ceph]#
[root@node1 ceph]#
```

图 2-6 查看 Ceph 运行状态

2.14 部署 MDS 服务

部署完成 OSD 数据存储服务之后，接下来部署 MDS 服务，操作的方法和命令如下，结果如图 2-7 所示。

```
ceph-deploy mds create node1 node2 node3
ceph mds stat
e4:, 3 up:standby
```

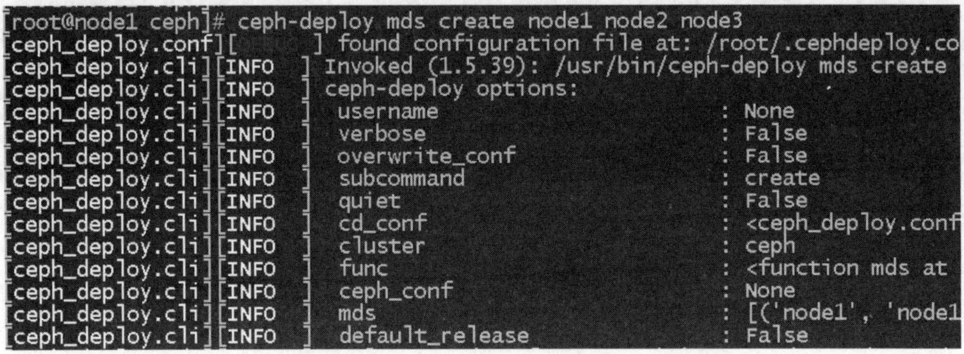

```
[root@node1 ceph]# ceph-deploy mds create node1 node2 node3
[ceph_deploy.conf][      ] found configuration file at: /root/.cephdeploy.co
[ceph_deploy.cli][INFO  ] Invoked (1.5.39): /usr/bin/ceph-deploy mds create
[ceph_deploy.cli][INFO  ] ceph-deploy options:
[ceph_deploy.cli][INFO  ]  username                      : None
[ceph_deploy.cli][INFO  ]  verbose                       : False
[ceph_deploy.cli][INFO  ]  overwrite_conf                : False
[ceph_deploy.cli][INFO  ]  subcommand                    : create
[ceph_deploy.cli][INFO  ]  quiet                         : False
[ceph_deploy.cli][INFO  ]  cd_conf                       : <ceph_deploy.conf
[ceph_deploy.cli][INFO  ]  cluster                       : ceph
[ceph_deploy.cli][INFO  ]  func                          : <function mds at
[ceph_deploy.cli][INFO  ]  ceph_conf                     : None
[ceph_deploy.cli][INFO  ]  mds                           : [('node1', 'node1
[ceph_deploy.cli][INFO  ]  default_release               : False
```

图 2-7 部署 MDS 服务

2.15 查看 Ceph 集群状态

MDS 服务部署成功后，可以查看 Ceph 整个分布式集群的运行状态，操作的方法和命令如下，结果如图 2-8 所示。

```
ceph -s
```

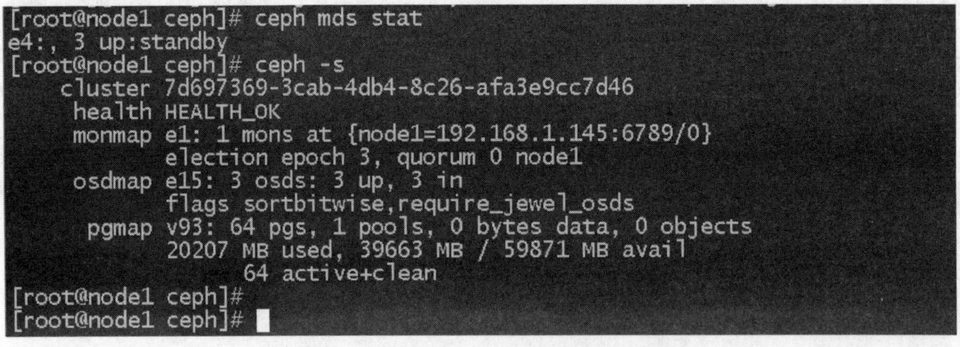

```
[root@node1 ceph]# ceph mds stat
e4:, 3 up:standby
[root@node1 ceph]# ceph -s
    cluster 7d697369-3cab-4db4-8c26-afa3e9cc7d46
     health HEALTH_OK
     monmap e1: 1 mons at {node1=192.168.1.145:6789/0}
            election epoch 3, quorum 0 node1
     osdmap e15: 3 osds: 3 up, 3 in
            flags sortbitwise,require_jewel_osds
      pgmap v93: 64 pgs, 1 pools, 0 bytes data, 0 objects
            20207 MB used, 39663 MB / 59871 MB avail
                  64 active+clean
[root@node1 ceph]#
[root@node1 ceph]#
```

图 2-8 查看 Ceph 分布式集群状态

2.16　Ceph 创建存储池

Ceph 分布式集群部署成功之后，通常需要向集群中存储文件数据，此时需要创建存储池，操作的方法和命令如下，结果如图 2-9 所示。

```
#创建存储池,定义存储池名称为 cephfs_data
ceph osd pool create cephfs_data 128
#创建存储池元数据,元数据名称为 cephfs_metadata
ceph osd pool create cephfs_metadata 128
```

```
    pgmap v1634: 320 pgs, 3 pools, 67329 kB data, 3805 objects
          20423 MB used, 39447 MB / 59871 MB avail
               320 active+clean
[root@node1 ceph]#
[root@node1 ceph]# ceph fs ls
name: 128, metadata pool: cephfs_metadata, data pools: [cephfs_data ]
[root@node1 ceph]#
[root@node1 ceph]# ceph osd pool create cephfs_data 128
pool 'cephfs_data' already exists
[root@node1 ceph]#
[root@node1 ceph]# ceph osd pool create cephfs_metadata 128
pool 'cephfs_metadata' already exists
[root@node1 ceph]#
```

图 2-9　创建 Ceph 存储池

以上创建 Ceph 存储池的命令中，128 表示指定 pg_num 的值，不能自动计算，需要手动赋予。一般来说，当少于 5 个 OSD 时，pg_num 可以设置为 128；当 OSD 为 5～10 个，pg_num 可以设置为 512；当 OSD 为 10～50 个，pg_num 可以设置为 4096。

Ceph OSD 一旦超过 50 个，就得自行计算 pg_num 的值，也可以借助工具 pgcalc 计算，网址是 https://ceph.com/pgcalc/。

随着 OSD 数量的增加，pg_num 取值的正确性变得更加重要，因为它显著地影响着集群的行为，以及出错时的数据持久性（即灾难性事件中数据仍不丢失的概率）。

2.17　创建文件系统

Ceph 存储池创建之后，如果想使用存储池，可以通过客户端访问，访问的方式有很多种，此处选择 CephFS 模式，操作的方法和命令如下，结果如图 2-10 所示。

```
#查看 CephFS 文件系统
ceph fs ls
No filesystems enabled
#创建 CephFS 文件系统,绑定已创建的存储池和元数据
ceph fs new 128 cephfs_metadata cephfs_data
#查看 CephFS 文件系统
ceph fs ls
```

```
[root@node1 ceph]# ceph osd pool create cephfs_data 128
pool 'cephfs_data' created
[root@node1 ceph]#
[root@node1 ceph]#
[root@node1 ceph]# ceph osd pool create cephfs_metadata 128
pool 'cephfs_metadata' created
[root@node1 ceph]#
[root@node1 ceph]#
[root@node1 ceph]# ceph fs ls
No filesystems enabled
[root@node1 ceph]#
[root@node1 ceph]# ceph fs new 128 cephfs_metadata cephfs_data
new fs with metadata pool 2 and data pool 1
```

图 2-10　创建 CephFS 文件系统

创建 Ceph 的 MDS 和 OSD 存储池操作命令如下：

```
#查看 MDS 状态
ceph mds stat
ceph osd pool get [存储池名称] size                          #查看存储池副本数
ceph osd pool set [存储池名称] size 3                        #修改存储池副本数
ceph osd lspools                                             #打印存储池列表
ceph osd pool create [存储池名称] [pg_num 的取值]            #创建存储池
ceph osd pool rename [旧的存储池名称] [新的存储池名称]       #存储池重命名
ceph osd pool get [存储池名称] pg_num                        #查看存储池的 pg_num
ceph osd pool get [存储池名称] pgp_num                       #查看存储池的 pgp_num
ceph osd pool set [存储池名称] pg_num [pg_num 的取值]        #修改存储池的 pg_num 值
ceph osd pool set [存储池名称] pgp_num [pgp_num 的取值]      #修改存储池的 pgp_num 值
ceph osd pool get-quota cephfs_metadata                      #查看存储池配额
quotas for pool 'cephfs_metadata':
max objects: N/A
max bytes : N/A
```

2.18　Ceph 集群管理命令

至此，Ceph 分布式集群部署成功，默认其没有 Web 界面，作为运维人员，要想熟练地管理

Ceph 集群，需要掌握相应的 Ceph 操作命令，命令用途和名称如下：

```
#查看所有 Ceph 服务状态
systemctl status ceph\*.service ceph\*.target
#启动节点所有 Ceph 服务
systemctl start ceph.target
#停止节点所有 Ceph 服务
systemctl stop ceph.target
#查看 Ceph 集群状态
ceph -s
#查看 MON 状态
ceph mon stat
#查看 MSD 状态
ceph msd stat
#查看 OSD 状态
ceph osd stat
#查看 OSD 目录树
ceph osd tree
#启动 MON 进程
service ceph start mon.node1
#启动 MSD 进程
service ceph start msd.node1
#启动 OSD 进程
service ceph start osd.0
#查看 MON 节点上所有启动的 Ceph 服务
systemctl list-units --type=service|grep ceph
#查看节点上所有自动启动的 Ceph 服务
systemctl list-unit-files|grep enabled|grep ceph
#卸载所有 Ceph 程序
ceph-deploy uninstall [{ceph-node}]
#删除 Ceph 相关的安装包
ceph-deploy purge {ceph-node} [{ceph-data}]
#删除 Ceph 相关的配置
ceph-deploy purgedata {ceph-node} [{ceph-data}]
#删除 key
ceph-deploy forgetkeys
#卸载 Ceph-deploy 管理
yum -y remove ceph-deploy
```

2.19 添加 Ceph 节点

Ceph 集群配置成功之后，数据量会不断增长，后期如果存储池满了，运维人员需要向集群中增加存储节点，以应对数据量的飞速增长。如果集群已经在运行，可以在集群运行时添加或删除 OSD 节点。

在 Ceph 分布式现有集群中，增加一个或多个 OSD 节点，需要进行以下操作。

① 增加 Linux 服务器；

② 创建 OSD 数据目录；

③ 把硬盘挂载到数据目录；

④ 把 OSD 节点数据目录加入集群；

⑤ 将 OSD 节点加入 Crush Map。

（1）node1 和 node4 节点的 hosts 及防火墙设置进行如下配置：

```
#添加 hosts 解析
cat >/etc/hosts<<EOF
127.0.0.1 localhost localhost.localdomain
192.168.1.145 node1
192.168.1.146 node2
192.168.1.147 node3
192.168.1.148 node4
EOF
#临时关闭 SELinux 和防火墙
sed -i '/SELINUX/s/enforcing/disabled/g'  /etc/sysconfig/selinux
setenforce  0
systemctl   stop    firewalld.service
systemctl   disable   firewalld.service
#同步节点时间
yum install ntpdate -y
ntpdate  pool.ntp.org
#修改对应节点主机名
hostname 'cat /etc/hosts|grep $(ifconfig|grep broadcast|awk '{print $2}')|
awk '{print $2}'';su
```

（2）在 node1 节点上使用阿里 yum 源，操作命令如下（如果已经操作，可以忽略）：

```
yum install wget -y
rm -rf /etc/yum.repos.d/*
```

```
cd /etc/yum.repos.d/
wget http://mirrors.aliyun.com/repo/Centos-7.repo
wget http://mirrors.aliyun.com/repo/epel-7.repo
cat>/etc/yum.repos.d/ceph.repo<<EOF
[ceph]
name=ceph
baseurl=http://mirrors.aliyun.com/ceph/rpm-jewel/el7/x86_64/
gpgcheck=0
priority=1
[ceph-noarch]
name=cephnoarch
baseurl=http://mirrors.aliyun.com/ceph/rpm-jewel/el7/noarch/
gpgcheck=0
priority=1
[ceph-source]
name=Ceph source packages
baseurl=http://mirrors.aliyun.com/ceph/rpm-jewel/el7/SRPMS
gpgcheck=0
priority=1
EOF
yum clean all
```

（3）在 Ceph 新增节点上安装 Ceph 服务。

```
#在 node1 节点生成公钥和私钥
ssh-keygen -t rsa -N '' -f ~/.ssh/id_rsa -q
```

其中，

- -t：指定要创建的密钥的类型；
- -N：指密码为空；
- -f：指保存文件为~/.ssh/id_rsa 和~/.ssh/id_rsa.pub；
- -q：指静默模式，不输出显示。

```
#将公钥复制至各个节点
ssh-copy-id -i ~/.ssh/id_rsa.pub node4
#在新节点安装 Ceph 服务
ceph-deploy install node4
```

（4）创建 OSD 节点，操作的方法和命令如下：

```
#在新增的节点创建 Ceph 存储目录：/data/
ssh -l root node4 "mkdir -p /data/"
#创建 OSD 节点
```

```
ceph-deploy osd prepare node4:/data/
#在新节点的主机上可以看到对应的节点会生成文件
ls -l /data/
ceph_fsid fsid magic
```

（5）激活 OSD 节点，在节点 node4 上激活新增节点的 OSD 数据，操作命令如下，结果如图 2-11 所示。

```
#激活 node4 节点
ceph-deploy osd activate node4:/data/
#如果报提示没有权限的错误,需要给 3 个节点的/data/读写、执行权限
ssh -l root node4 "chmod 777 -R /data/"
#重新执行
ceph-deploy osd activate node4:/data/
```

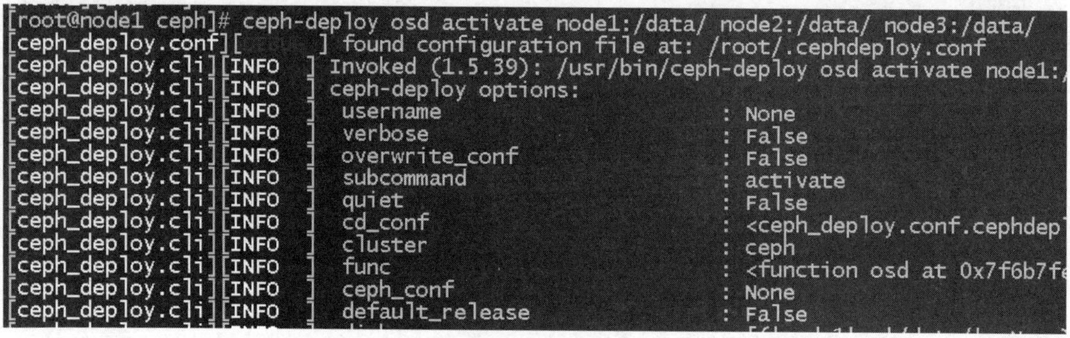

```
[root@node1 ceph]# ceph-deploy osd activate node1:/data/ node2:/data/ node3:/data/
[ceph_deploy.conf][DEBUG ] found configuration file at: /root/.cephdeploy.conf
[ceph_deploy.cli][INFO  ] Invoked (1.5.39): /usr/bin/ceph-deploy osd activate node1:
[ceph_deploy.cli][INFO  ] ceph-deploy options:
[ceph_deploy.cli][INFO  ]  username                      : None
[ceph_deploy.cli][INFO  ]  verbose                       : False
[ceph_deploy.cli][INFO  ]  overwrite_conf                : False
[ceph_deploy.cli][INFO  ]  subcommand                    : activate
[ceph_deploy.cli][INFO  ]  quiet                         : False
[ceph_deploy.cli][INFO  ]  cd_conf                       : <ceph_deploy.conf.cephdep
[ceph_deploy.cli][INFO  ]  cluster                       : ceph
[ceph_deploy.cli][INFO  ]  func                          : <function osd at 0x7f6b7f
[ceph_deploy.cli][INFO  ]  ceph_conf                     : None
[ceph_deploy.cli][INFO  ]  default_release               : False
```

图 2-11　激活 OSD 节点

根据以上命令，激活新节点 OSD 之后，可以使用命令查看 OSD 的运行状态，操作命令如下，结果如图 2-12 所示。

```
ceph-deploy osd list node4
```

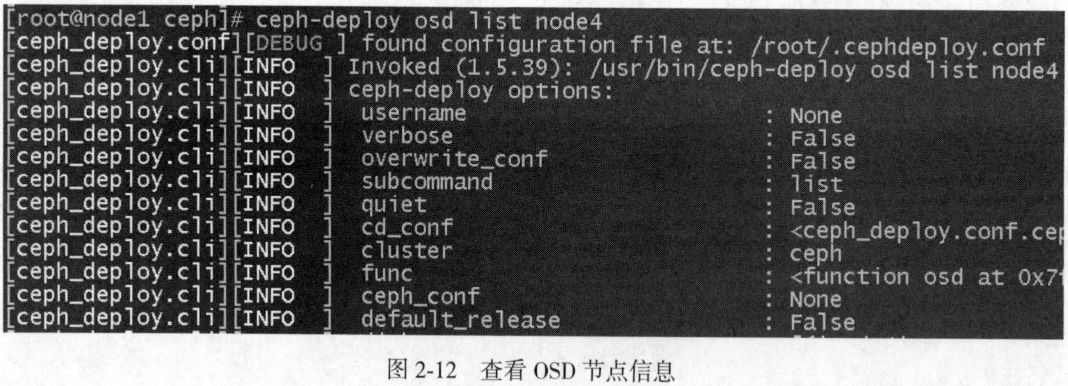

```
[root@node1 ceph]# ceph-deploy osd list node4
[ceph_deploy.conf][DEBUG ] found configuration file at: /root/.cephdeploy.conf
[ceph_deploy.cli][INFO  ] Invoked (1.5.39): /usr/bin/ceph-deploy osd list node4
[ceph_deploy.cli][INFO  ] ceph-deploy options:
[ceph_deploy.cli][INFO  ]  username                      : None
[ceph_deploy.cli][INFO  ]  verbose                       : False
[ceph_deploy.cli][INFO  ]  overwrite_conf                : False
[ceph_deploy.cli][INFO  ]  subcommand                    : list
[ceph_deploy.cli][INFO  ]  quiet                         : False
[ceph_deploy.cli][INFO  ]  cd_conf                       : <ceph_deploy.conf.cep
[ceph_deploy.cli][INFO  ]  cluster                       : ceph
[ceph_deploy.cli][INFO  ]  func                          : <function osd at 0x7f
[ceph_deploy.cli][INFO  ]  ceph_conf                     : None
[ceph_deploy.cli][INFO  ]  default_release               : False
```

图 2-12　查看 OSD 节点信息

基于以下命令将配置文件和admin密钥同步到各个节点，以便各个节点使用Ceph命令时无须指定Monitor地址和admin.keyring密钥。操作的方法和命令如下，结果如图2-13所示。

```
ceph-deploy admin node4
```

```
[root@node1 ceph]# ceph-deploy admin node4
[ceph_deploy.conf][DEBUG ] found configuration file at: /root/.cephdeploy.conf
[ceph_deploy.cli][INFO  ] Invoked (1.5.39): /usr/bin/ceph-deploy admin node4
[ceph_deploy.cli][INFO  ] ceph-deploy options:
[ceph_deploy.cli][INFO  ]  username                      : None
[ceph_deploy.cli][INFO  ]  verbose                       : False
[ceph_deploy.cli][INFO  ]  overwrite_conf                : False
[ceph_deploy.cli][INFO  ]  quiet                         : False
[ceph_deploy.cli][INFO  ]  cd_conf                       : <ceph_deploy.conf.cephd
[ceph_deploy.cli][INFO  ]  cluster                       : ceph
[ceph_deploy.cli][INFO  ]  client                        : ['node4']
[ceph_deploy.cli][INFO  ]  func                          : <function admin at 0x7f
[ceph_deploy.cli][INFO  ]  ceph_conf                     : None
[ceph_deploy.cli][INFO  ]  default_release               : False
[ceph_deploy.admin][DEBUG ] Pushing admin keys and conf to node4
[node4][DEBUG ] connected to host: node4
```

图2-13 部署admin服务

（6）将新节点node4的/data/目录加入存储池中，操作命令如下：

```
ceph-deploy osd create node4:/data/
```

（7）OSD节点部署完成之后，接下来部署MDS服务，操作命令如下：

```
ceph-deploy mds create node4
```

（8）检查新增节点服务进程和端口信息，操作命令如下，最终结果如图2-14所示。

```
ps -ef|grep ceph
netstat -tnlp|grep ceph
```

```
[root@node1 ceph]# ceph-deploy mds create node4
[ceph_deploy.conf][DEBUG ] found configuration file at: /root/.cephdeploy.conf
[ceph_deploy.cli][INFO  ] Invoked (1.5.39): /usr/bin/ceph-deploy mds create node4
[ceph_deploy.cli][INFO  ] ceph-deploy options:
[ceph_deploy.cli][INFO  ]  username                      : None
[ceph_deploy.cli][INFO  ]  verbose                       : False
[ceph_deploy.cli][INFO  ]  overwrite_conf                : False
[ceph_deploy.cli][INFO  ]  subcommand                    : create
[ceph_deploy.cli][INFO  ]  quiet                         : False
[ceph_deploy.cli][INFO  ]  cd_conf                       : <ceph_deploy.conf.ceph
[ceph_deploy.cli][INFO  ]  cluster                       : ceph
[ceph_deploy.cli][INFO  ]  func                          : <function mds at 0x7fd
[ceph_deploy.cli][INFO  ]  ceph_conf                     : None
[ceph_deploy.cli][INFO  ]  mds                           : [('node4', 'node4')]
[ceph_deploy.cli][INFO  ]  default_release               : False
```

（a）

图2-14 检查新增节点服务进程和端口信息

```
[root@node4 ~]# ps -ef|grep ceph
ceph      4682     1  0 17:11 ?        00:00:01 /usr/bin/ceph-osd -f --cluster ceph --id 
ceph      4973     1  0 17:13 ?        00:00:00 /usr/bin/ceph-mds -f --cluster ceph --id 
root      5009  3980  0 17:14 pts/0    00:00:00 grep --color=auto ceph
[root@node4 ~]#
[root@node4 ~]# netstat -tnlp
Active Internet connections (only servers)
Proto Recv-Q Send-Q Local Address           Foreign Address         State       PID/Progra
tcp        0      0 0.0.0.0:3306            0.0.0.0:*               LISTEN      3485/mysq
tcp        0      0 0.0.0.0:6800            0.0.0.0:*               LISTEN      4682/ceph-
tcp        0      0 0.0.0.0:6801            0.0.0.0:*               LISTEN      4682/ceph-
tcp        0      0 0.0.0.0:6802            0.0.0.0:*               LISTEN      4682/ceph-
tcp        0      0 0.0.0.0:6803            0.0.0.0:*               LISTEN      4682/ceph-
tcp        0      0 0.0.0.0:6804            0.0.0.0:*               LISTEN      4973/ceph-
tcp        0      0 0.0.0.0:22              0.0.0.0:*               LISTEN      3069/sshd
```

（b）

图 2-14 （续）

2.20 删除节点

（1）将 node4 节点的 osd.5 从 Crush 中删除，并删除对应的 OSD、AUTH、HOST，在 node1 节点上执行以下操作命令：

```
#删除 node4 节点上的 OSD 信息
ceph osd crush rm osd.5
ceph osd rm 5
ceph auth del osd.5
ceph osd crush rm node4
#查看最新的 OSD 树形信息
ceph osd tree
```

（2）根据以上命令，将故障节点和 OSD 从集群中删除，同时可以停止 node4 节点上与 Ceph 相关的服务进程，操作命令如下，结果如图 2-15 所示。

```
systemctl stop ceph.target
ps -ef|grep ceph
```

```
[root@node4 data]# ls
ceph_fsid  fsid  magic
[root@node4 data]# ps -ef|grep ceph
root      6318  3980  0 17:52 pts/0    00:00:00 grep --color=auto ceph
[root@node4 data]#
[root@node4 data]# ps -ef|grep ^C
[root@node4 data]# systemctl stop ceph.target
[root@node4 data]#
[root@node4 data]# ps -ef|grep ceph
root      6426  3980  0 17:53 pts/0    00:00:00 grep --color=auto ceph
[root@node4 data]#
[root@node4 data]#
[root@node4 data]#
[root@node4 data]#
```

图 2-15 停止删除节点的 Ceph 服务

（3）卸载 Ceph 服务，同时将相关数据删除，操作命令如下，结果如图 2-16 所示。

```
yum remove ceph* -y
yum remove libcephfs* python-cephfs* -y
find / -name "*ceph*" -exec rm -rf {} \;
```

```
[root@node4 data]# df -h
Filesystem      Size  Used Avail Use% Mounted on
/dev/sda2        20G  6.7G   13G  34% /
devtmpfs        904M     0  904M   0% /dev
tmpfs           915M     0  915M   0% /dev/shm
tmpfs           915M   36M  879M   4% /run
tmpfs           915M     0  915M   0% /sys/fs/cgroup
tmpfs           183M     0  183M   0% /run/user/0
[root@node4 data]#
[root@node4 data]# rpm -qa|grep ceph
libcephfs1-10.2.11-0.el7.x86_64
python-cephfs-10.2.11-0.el7.x86_64
[root@node4 data]#
```

图 2-16　删除节点的 Ceph 文件

2.21　CephFS 企业应用案例

根据以上 Ceph 分布式集群部署实战操作的方法和命令，Ceph 集群构建完成。在企业生产环境中，客户端使用 CephFS 集群主要有以下两种方法。

1. 内核驱动挂载CephFS

```
#创建客户端数据挂载目录和密钥文件目录
mkdir -p /data /etc/ceph/
#添加客户端 KEY,可以从 node1（192.168.1.145）节点/etc/ceph/目录复制
scp 192.168.1.145:/etc/ceph/ceph.client.admin.keyring /etc/ceph/
cat /etc/ceph/ceph.client.admin.keyring
[client.admin]
        key=AQCwTZFfYtoqCRAACcYI4wpl+E8YcM0xIDFe8w==
#将密钥文件同时写入/etc/ceph/admin.secret 文件中
AQCwTZFfYtoqCRAACcYI4wpl+E8YcM0xIDFe8w==
#安装 CephFS 类型支持（提前安装 Ceph 网络源）
yum install ceph-common -y
#执行挂载命令一
mount -t ceph 192.168.1.145:6789:/ /data/ -o name=admin,secretfile=
/etc/ceph/admin.secret
#执行挂载命令二
#mount -t ceph 192.168.1.145:6789:/ /data/ -o name=admin,secret=
AQCwTZFfYtoqCRAACcYI4wpl+E8YcM0xIDFe8w==
```

```
#查看是否挂载成功
df -h
```

根据以上的方法挂载成功，如图 2-17 所示。

```
tmpfs              492M     0  492M   0% /sys/fs/cgroup
tmpfs               99M     0   99M   0% /run/user/0
[root@localhost ~]# mount -t ceph 192.168.1.145:6789:/ /data/ -o name=admin,secre
[root@localhost ~]#
[root@localhost ~]# df -h
Filesystem            Size  Used Avail Use% Mounted on
/dev/sda2              20G  1.9G   18G  10% /
devtmpfs              481M     0  481M   0% /dev
tmpfs                 492M     0  492M   0% /dev/shm
tmpfs                 492M  7.4M  484M   2% /run
tmpfs                 492M     0  492M   0% /sys/fs/cgroup
tmpfs                  99M     0   99M   0% /run/user/0
192.168.1.145:6789:/   59G   20G   39G  35% /data
[root@localhost ~]#
```

图 2-17 CephFS 案例实战演练

2. 用户控件挂载Ceph文件系统

```
#在客户端主机部署 ceph-fuse
yum install -y ceph-fuse
#添加客户端 KEY,可以从 node1 节点/etc/ceph/目录复制
cat /etc/ceph/ceph.client.admin.keyring
[client.admin]
        key = AQCwTZFfYtoqCRAACcYI4wpl+E8YcM0xIDFe8w==
#使用以下命令挂载 Ceph 目录
ceph-fuse -m 192.168.1.145:6789 /data
#卸载
fusermount -u /data
```

根据以上方法挂载，结果如图 2-18 所示。

```
[root@localhost ~]# ceph-fuse -m 192.168.1.145:6789 /data
2020-10-23 16:13:14.263923 7f5c892dbf00 -1 did not load config file, using default s
ceph-fuse[10836]: starting ceph client
2020-10-23 16:13:14.335971 7f5c892dbf00 -1 init, newargv = 0x55f78ddec6c0 newargc=11
ceph-fuse[10836]: starting fuse
[root@localhost ~]#
[root@localhost ~]# df -h
Filesystem      Size  Used Avail Use% Mounted on
/dev/sda2        20G  1.8G   18G   9% /
devtmpfs        481M     0  481M   0% /dev
tmpfs           492M     0  492M   0% /dev/shm
tmpfs           492M  7.4M  484M   2% /run
tmpfs           492M     0  492M   0% /sys/fs/cgroup
tmpfs            99M     0   99M   0% /run/user/0
ceph-fuse        59G   20G   39G  35% /data
```

图 2-18 CephFS 案例实战演练

2.22 Ceph RBD 企业应用案例

根据以上 Ceph 分布式集群部署实战，Ceph 集群构建完成，在企业生产环境中，客户端使用 RBD 集群主要有以下方法。

创建 RBD 资源池并设置大小。

```
#在 node1 节点创建 RBD 镜像,设置大小为 10240MB
rbd create rbd0 --size 10240
#查看已创建的镜像列表
rbd ls
#查看创建后的镜像块设备的信息
rbd --image rbd0 info
#在 node1 上部署客户端 Ceph 服务
deploy install node2
ceph-deploy admin node2
#在客户端查看已创建的镜像列表
rbd ls
#在客户端查看 RBD0 镜像详细信息
rbd info --image rbd0
#在客户端映射 RBD0 镜像
rbd map --image rbd0
#禁止不支持的镜像特性
rbd feature disable rbd0 exclusive-lock object-map fast-diff deep-flatten
##在客户端再次映射 RBD0 镜像
rbd map --image rbd0
#查看映射信息
rbd showmapped
#查看 RBD 块设备信息
fdisk -l /dev/rbd0
#格式化块设备
mkfs.xfs /dev/rbd0
#挂载块设备至/mnt 目录
mount /dev/rbd0 /mnt/
```

根据以上方法挂载，结果如图 2-19 所示。

```
[root@node2 ~]# fdisk -l /dev/rbd0

Disk /dev/rbd0: 10.7 GB, 10737418240 bytes, 20971520 sectors
Units = sectors of 1 * 512 = 512 bytes
Sector size (logical/physical): 512 bytes / 512 bytes
I/O size (minimum/optimal): 4194304 bytes / 4194304 bytes

[root@node2 ~]# mkfs.xfs /dev/rbd0
meta-data=/dev/rbd0              isize=512    agcount=16, agsize=163840 blks
         =                       sectsz=512   attr=2, projid32bit=1
         =                       crc=1        finobt=0, sparse=0
data     =                       bsize=4096   blocks=2621440, imaxpct=25
         =                       sunit=1024   swidth=1024 blks
naming   =version 2              bsize=4096   ascii-ci=0 ftype=1
```

图 2-19 RBD 案例实战演练

根据以上的方法挂载，结果如图 2-20 所示。

```
overlay          20G  7.8G   13G  39% /var/lib/docker/overlay2/ace97d9a099598e4
c8/merged
tmpfs           915M   12K  915M   1% /var/lib/kubelet/pods/6403ded7-3f84-4de0-
/flannel-token-92c82
overlay          20G  7.8G   13G  39% /var/lib/docker/overlay2/7eadf5c08403902a
d5/merged
shm              64M     0   64M   0% /var/lib/docker/containers/5b755995fad6e4
4b59/mounts/shm
overlay          20G  7.8G   13G  39% /var/lib/docker/overlay2/0623913c2158d746
8e/merged
/dev/rbd0        10G   33M   10G   1% /mnt
[root@node2 ~]#
[root@node2 ~]#
[root@node2 ~]#
```

图 2-20 挂载成功

2.23 Ceph 部署常见故障排错一

在创建 MON 角色服务时，会报以下错误信息，如图 2-21 所示。

```
ceph-deploy mon create node1
[ceph_deploy][ERROR ] ConfigError: Cannot load config: [Errno 2] No such file
or directory: 'ceph.conf'; has 'ceph-deploy new' been run in this directory?
```

以上错误提示表示当创建 MON 服务时，不能加载 ceph.conf 配置文件，需在运行 ceph-deploy new 命令所在的目录执行。解决方法如下：

```
cd /etc/ceph/
ceph-deploy mon create node1
```

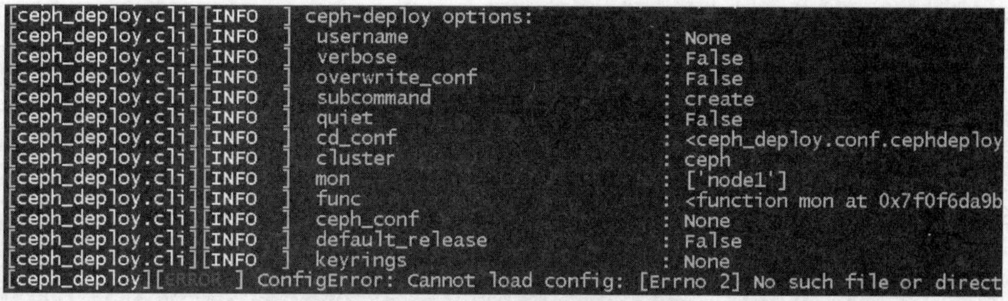

```
[ceph_deploy.cli][INFO  ] ceph-deploy options:
[ceph_deploy.cli][INFO  ]  username                      : None
[ceph_deploy.cli][INFO  ]  verbose                       : False
[ceph_deploy.cli][INFO  ]  overwrite_conf                : False
[ceph_deploy.cli][INFO  ]  subcommand                    : create
[ceph_deploy.cli][INFO  ]  quiet                         : False
[ceph_deploy.cli][INFO  ]  cd_conf                       : <ceph_deploy.conf.cephdeploy
[ceph_deploy.cli][INFO  ]  cluster                       : ceph
[ceph_deploy.cli][INFO  ]  mon                           : ['node1']
[ceph_deploy.cli][INFO  ]  func                          : <function mon at 0x7f0f6da9b
[ceph_deploy.cli][INFO  ]  ceph_conf                     : None
[ceph_deploy.cli][INFO  ]  default_release               : False
[ceph_deploy.cli][INFO  ]  keyrings                      : None
[ceph_deploy][ERROR ] ConfigError: Cannot load config: [Errno 2] No such file or direct
```

图 2-21 MON 服务报错

2.24 Ceph 部署常见故障排错二

执行 OSD 激活命令，报错信息如下：

```
ceph-deploy osd activate node1:/data/ node2:/data/ node3:/data/
[node1][WARNIN] 2021-10-23 17:28:41.862269 7fe49f62cac0 -1 OSD::mkfs:
ObjectStore::mkfs failed with error -13
[node1][WARNIN] 2021-10-23 17:28:41.862631 7fe49f62cac0 -1  ** ERROR: error
creating empty object store in /data/: (13) Permission denied
[node1][WARNIN]
[node1][ERROR ] RuntimeError: command returned non-zero exit status: 1
[ceph_deploy][ERROR ] RuntimeError: Failed to execute command: /usr/sbin/
ceph-disk -v activate --mark-init systemd --mount /data/
```

以上错误提示表示当创建激活 OSD 数据资源节点时，不能在/data/目录下创建相应的存储文件和文件夹，没有权限。解决方法如下，结果如图 2-22 所示。

```
#登录 3 个节点,对其/data/数据目录添加授权
chmod 777 -R /data/
#授权成功,再次执行激活命令
ceph-deploy osd activate node1:/data/ node2:/data/ node3:/data/
```

```
[node1][WARNIN]   File "/usr/lib/python2.7/site-packages/ceph_disk/main.py", line
[node1][WARNIN]      '--setgroup', get_ceph_group(),
[node1][WARNIN]   File "/usr/lib/python2.7/site-packages/ceph_disk/main.py", line
[node1][WARNIN]     raise Error('%s failed : %s' % (str(arguments), error))
[node1][WARNIN] ceph_disk.main.Error: Error: ['ceph-osd', '--cluster', 'ceph', '--
, '--osd-journal', '/data/journal', '--osd-uuid', u'5e99cb09-a285-44c2-a168-a1641c
: 2020-10-23 17:28:41.862234 7fe49f62cac0 -1 filestore(/data/) mkfs: write_version
[node1][WARNIN] 2020-10-23 17:28:41.862269 7fe49f62cac0 -1 OSD::mkfs: ObjectStore:
[node1][WARNIN] 2020-10-23 17:28:41.862631 7fe49f62cac0 -1
[node1][WARNIN]
[node1][ERROR ] RuntimeError: command returned non-zero exit status: 1
[ceph_deploy][ERROR ] RuntimeError: Failed to execute command: /usr/sbin/ceph-disk
```

（a）

图 2-22 OSD 激活服务报错及解决方法

```
[node3][INFO  ] Running command: /usr/sbin/ceph-disk -v prepare --cluster ceph --fs-type
[node3][WARNIN] command: Running command: /usr/bin/ceph-osd --cluster=ceph --show-config
[node3][WARNIN] command: Running command: /usr/bin/ceph-osd --check-allows-journal -i 0
 ceph
[node3][WARNIN] command: Running command: /usr/bin/ceph-osd --check-wants-journal -i 0 -
ceph
[node3][WARNIN] command: Running command: /usr/bin/ceph-osd --check-needs-journal -i 0 -
ceph
[node3][WARNIN] command: Running command: /usr/bin/ceph-osd --cluster=ceph --show-config
[node3][WARNIN] populate_data_path: Data dir /data/ already exists
[node3][INFO  ] checking OSD status...
[node3][      ] find the location of an executable
[node3][INFO  ] Running command: /bin/ceph --cluster=ceph osd stat --format=json
[ceph_deploy.osd][      ] Host node3 is now ready for osd use.
```

(b)

图 2-22 （续）

2.25 LNMP+Discuz+Ceph 案例实战

Ceph 支持 PB 级别数据量存储，在企业生产环境中，通常是存储大量的图片文件、数据文件的首选，得到了互联网企业的广泛采用。以下为企业门户网站采用 Ceph 作为后端文件存储的案例。

企业级 LNMP（Nginx+PHP（FastCGI）+MySQL）+Ceph 主流架构配置方法如下，需要先安装 Nginx、MySQL、PHP 服务，步骤如下所述。

（1）Nginx 安装配置。

```
wget -c http://nginx.org/download/nginx-1.16.0.tar.gz
tar -xzf nginx-1.16.0.tar.gz
cd nginx-1.16.0
useradd www
./configure --user=www --group=www --prefix=/usr/local/nginx --with-
http_stub_status_module --with-http_ssl_module
make
make install
```

（2）MySQL 安装配置。

```
yum install -y gcc-c++ ncurses-devel cmake make perl gcc autoconf
yum install -y automake zlib libxml2 libxml2-devel libgcrypt libtool bison
wget -c http://mirrors.163.com/mysql/Downloads/MySQL-5.6/mysql-5.6.51.
tar.gz
tar -xzf mysql-5.6.51.tar.gz
```

```
cd mysql-5.6.51
cmake  .  -DCMAKE_INSTALL_PREFIX=/usr/local/mysql56/ \
-DMYSQL_UNIX_ADDR=/tmp/mysql.sock \
-DMYSQL_DATADIR=/data/mysql \
-DSYSCONFDIR=/etc \
-DMYSQL_USER=mysql \
-DMYSQL_TCP_PORT=3306 \
-DWITH_XTRADB_STORAGE_ENGINE=1 \
-DWITH_INNOBASE_STORAGE_ENGINE=1 \
-DWITH_PARTITION_STORAGE_ENGINE=1 \
-DWITH_BLACKHOLE_STORAGE_ENGINE=1 \
-DWITH_MYISAM_STORAGE_ENGINE=1 \
-DWITH_READLINE=1 \
-DENABLED_LOCAL_INFILE=1 \
-DWITH_EXTRA_CHARSETS=1 \
-DDEFAULT_CHARSET=utf8 \
-DDEFAULT_COLLATION=utf8_general_ci \
-DEXTRA_CHARSETS=all \
-DWITH_BIG_TABLES=1 \
-DWITH_DEBUG=0
make
make install
#配置 MySQL 系统服务
cd /usr/local/mysql56/
\cp support-files/my-default.cnf /etc/my.cnf
\cp support-files/mysql.server /etc/init.d/mysqld
chkconfig --add mysqld
chkconfig --level 35 mysqld on
service  mysqld stop
mv /data/mysql/ /data/mysql.bak/
mkdir  -p  /data/mysql/
useradd  mysql
/usr/local/mysql56/scripts/mysql_install_db --user=mysql --datadir=/data/
mysql/ --basedir=/usr/local/mysql56/
ln  -s  /usr/local/mysql56/bin/* /usr/bin/
service  mysqld  restart
```

（3）PHP 安装配置。

```
yum install libxml2 libxml2-devel gzip bzip2 -y
wget -c http://mirrors.sohu.com/php/php-5.6.28.tar.bz2
tar jxf  php-5.6.28.tar.bz2
cd php-5.6.28
./configure --prefix=/usr/local/php5 --with-config-file-path=/usr/local/
php5/etc --with-mysql=/usr/local/mysql56/
--enable-fpm
make
make install

#配置 LNMP Web 并启动服务
cp  php.ini-development   /usr/local/php5/etc/php.ini
cp  /usr/local/php5/etc/php-fpm.conf.default  /usr/local/php5/etc/php-
fpm.conf
cp sapi/fpm/init.d.php-fpm /etc/init.d/php-fpm
chmod o+x /etc/init.d/php-fpm
/etc/init.d/php-fpm start
```

（4）Nginx 配置文件配置。

```
worker_processes  1;
events {
    worker_connections  1024;
}
http {
    include       mime.types;
    default_type  application/octet-stream;
    sendfile        on;
    keepalive_timeout  65;
    server {
        listen       80;
        server_name  localhost;
        location / {
            root   html;
            fastcgi_pass   127.0.0.1:9000;
            fastcgi_index  index.php;
            fastcgi_param  SCRIPT_FILENAME  $document_root$fastcgi_script_
```

```
name;
            include       fastcgi_params;
        }
    }
}
```

（5）测试 LNMP 架构，创建 index.php 测试页面，如图 2-23 所示。

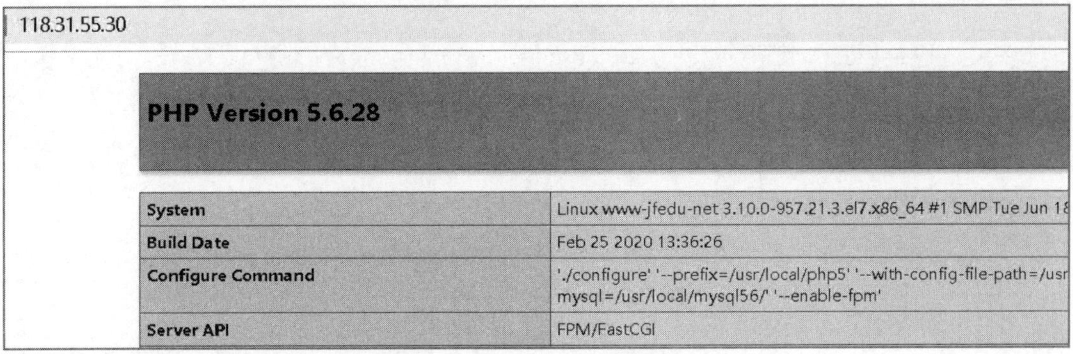

118.31.55.30

PHP Version 5.6.28

System	Linux www-jfedu-net 3.10.0-957.21.3.el7.x86_64 #1 SMP Tue Jun 18
Build Date	Feb 25 2020 13:36:26
Configure Command	'./configure' '--prefix=/usr/local/php5' '--with-config-file-path=/usr mysql=/usr/local/mysql56/' '--enable-fpm'
Server API	FPM/FastCGI

图 2-23　LNMP PHP 测试页面

（6）基于控件挂载 Ceph 文件系统，挂载至/data/目录。

```
#在客户端主机部署 ceph-fuse
yum install -y ceph-fuse
#添加客户端 KEY,可以从 node1 节点/etc/ceph/目录复制
cat /etc/ceph/ceph.client.admin.keyring
[client.admin]
        key=AQDmNtBgknjEARAAUJPNtauDQw6sP5GDqDrmtw==
#挂载 Ceph 目录
ceph-fuse -m 192.168.1.145:6789 /data
mount -t ceph 192.168.1.145:6789:/ /data -o name=admin,secret=AQDmNtBgkn
jEARAAUJPNtauDQw6sP5GDqDrmtw==
mount -t ceph 192.168.1.145:6789:/ /data -o name=admin,secretfile=/etc/
ceph/admin.key
cat /etc/ceph/admin.key
AQDmNtBgknjEARAAUJPNtauDQw6sP5GDqDrmtw==
#卸载
fusermount -u /data
```

（7）创建/data/discuz 目录，然后将/data/discuz/目录映射至 LNMP 发布目录：/usr/local/nginx/html/，操作命令如下：

```
cd /usr/local/nginx/html/
ln -s /data/discuz/
```

（8）将 Discuz！门户网站程序 Discuz_X3.2_SC_UTF8.zip 上传至发布目录，并解压、授权，操作命令如下：

```
unzip Discuz_X3.2_SC_UTF8.zip -d /usr/local/nginx/html/
cd /usr/local/nginx/html/
\mv upload/* ./
chmod 757  -R  data/ uc_server/ config/ uc_client/
```

（9）通过浏览器访问 Nginx Web IP，单击“我同意”按钮，如图 2-24 所示。

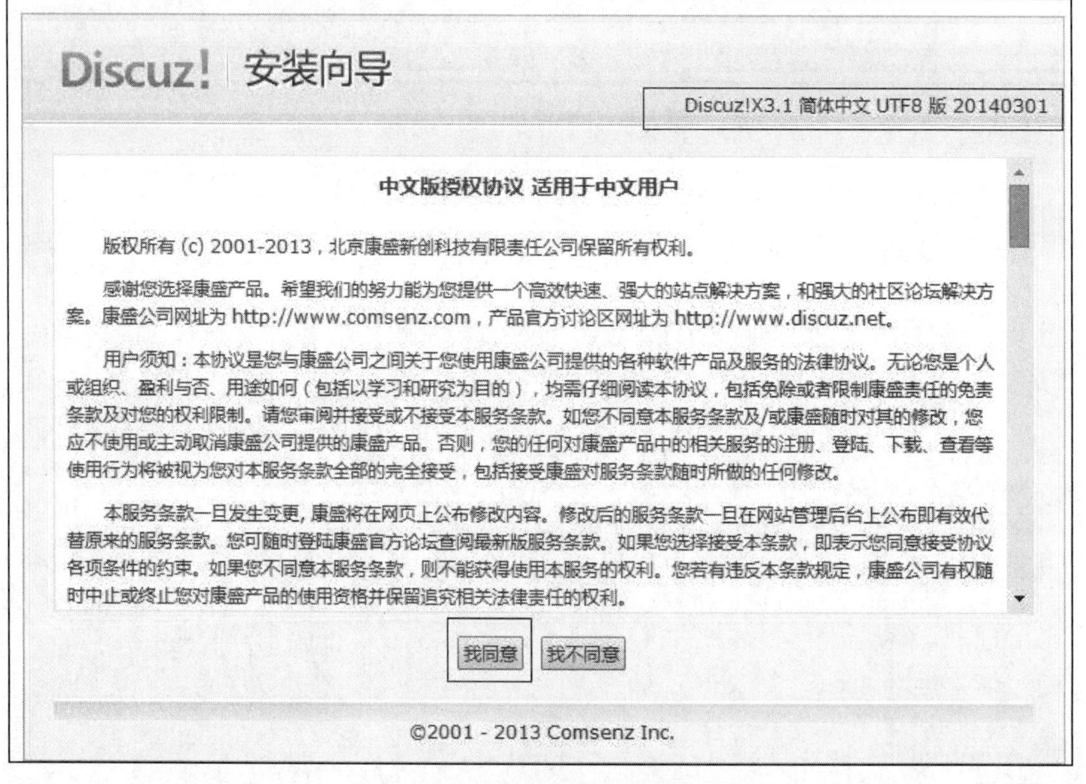

图 2-24　Discuz！安装界面

（10）图 2-25 所示为数据库安装界面，如果没有安装数据库则需要新建数据库并授权。

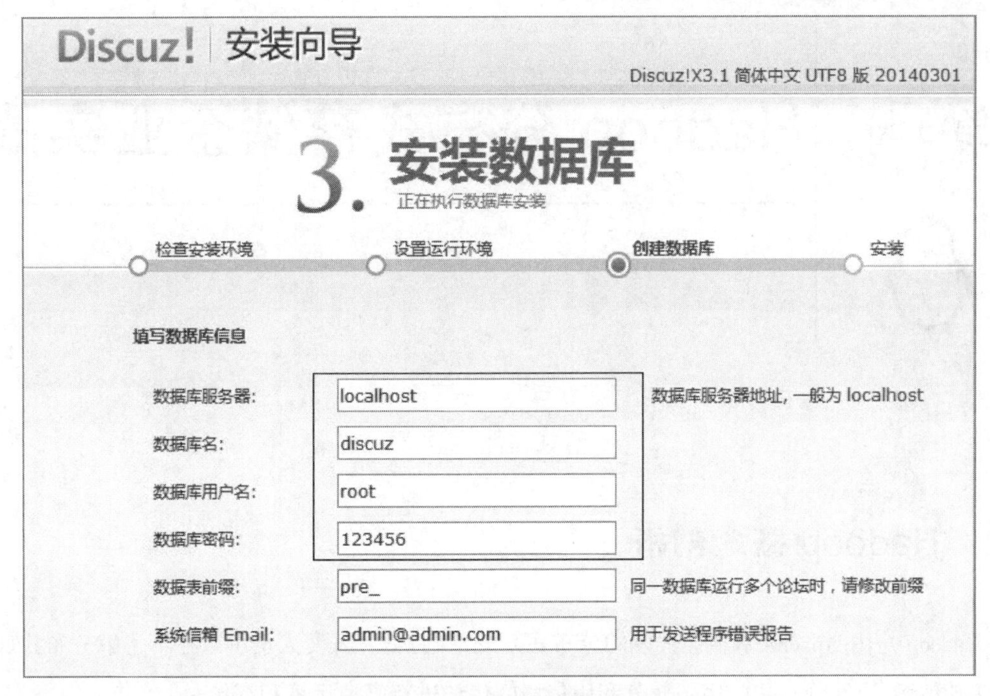

图 2-25　Discuz！安装数据库界面

（11）在 MySQL 数据库命令行中创建连接 MySQL 数据库的用户名及密码，操作命令如下：

```
create database discuz charset=utf8;
grant all on discuz.* to root@'localhost' identified by "123456";
```

（12）单击“下一步”按钮，直至安装完成，浏览器自动跳转至图 2-26 所示的界面。

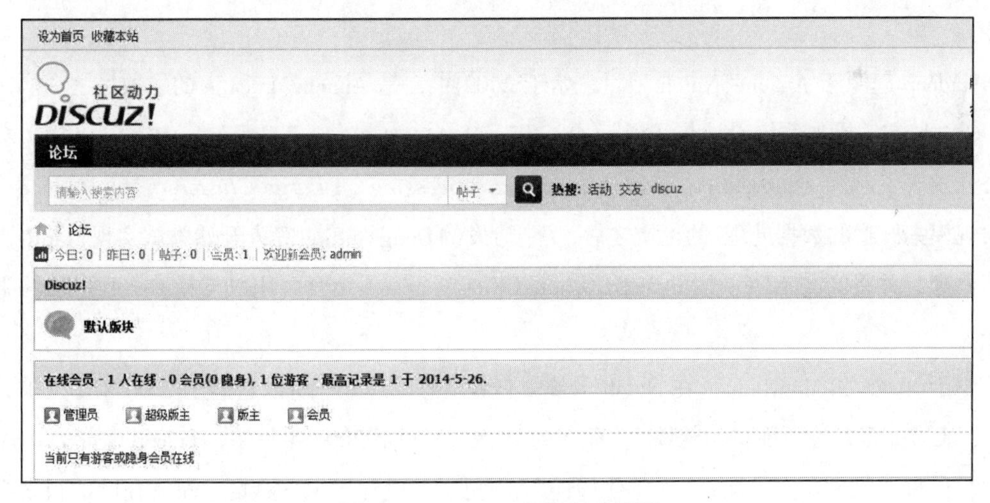

图 2-26　Discuz！安装完成界面

第 3 章 Hadoop 分布式存储企业实战

3.1 Hadoop 概念剖析

Hadoop 是由 Apache 基金会开发的分布式系统基础架构。开发人员可以在不了解分布式底层细节的情况下开发分布式应用，充分利用集群的优势进行高速运算和存储。

Hadoop 实现了一个分布式文件系统（Distributed File System），其中一个组件是 HDFS（Hadoop Distributed File System）。HDFS 有高容错的特点，用来部署在低廉的（low-cost）硬件上，适合那些有超大数据集（large data set）的应用程序。

HDFS 放宽了 POSIX 的要求，可以以流的形式访问文件系统中的数据。Hadoop 框架最核心的设计是 HDFS 和 MapReduce。HDFS 为海量的数据提供了存储，MapReduce 为海量的数据提供了计算。

Hadoop 起源于 Apache Nutch 项目，始于 2002 年，是 Apache Lucene 的子项目之一。2004 年，Google 在“操作系统设计与实现”（Operating System Design and Implementation，OSDI）会议上公开发表了题为 *MapReduce: Simplified Data Processing on Large Clusters*（MapReduce：简化大规模集群上的数据处理）的论文之后，受到启发的 Doug Cutting 等人开始尝试实现 MapReduce 计算框架，并将它与 NDFS（Nutch Distributed File System）结合，用以支持 Nutch 引擎的主要算法。

由于 NDFS 和 MapReduce 在 Nutch 引擎中有着良好的应用，所以它们于 2006 年 2 月被分离出来，成为一套完整而独立的软件，并命名为 Hadoop。到了 2008 年年初，Hadoop 已成为 Apache 的顶级项目，包含众多子项目，被应用到包括阿里、百度、腾讯、雅虎、京东在内的很多互联网公司。

3.2 Hadoop 服务组件

Hadoop 生态圈的服务组件繁多，常见的有 Common、HDFS、HBase、MapReduce 等，如图 3-1 所示。

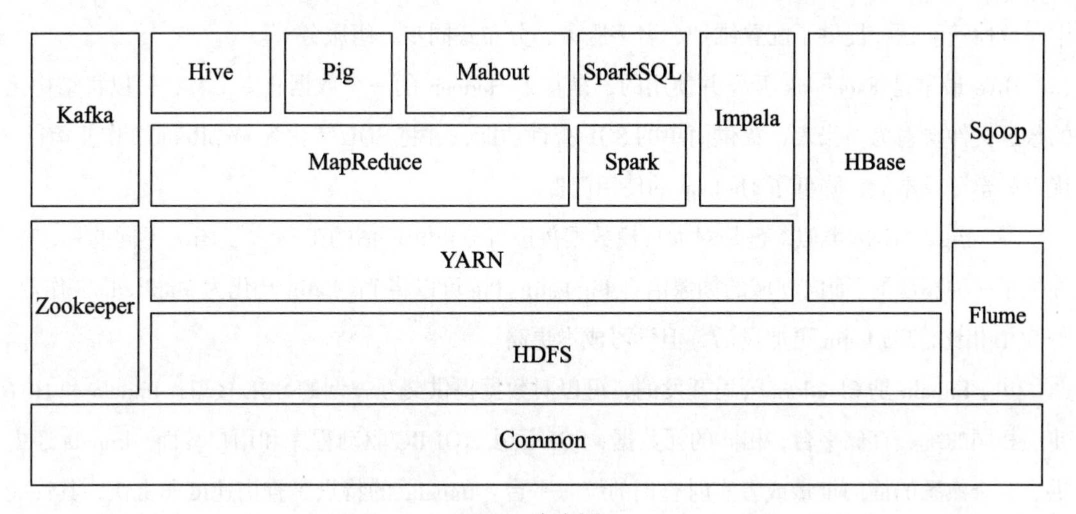

图 3-1 Hadoop 生态圈

（1）Hadoop Common 是 Hadoop 体系最底层的一个模块，为 Hadoop 各个子模块提供各种工具，如系统配置工具 Configuration、远程调用 RPC、序列化机制和日志操作等，是其他模块的基础。

（2）HDFS 是 Hadoop 分布式文件系统缩写，是 Hadoop 的基石。HDFS 是一个具备高度容错性的文件系统，适合部署在廉价的机器上，能提供高吞吐量的数据访问，非常适合具有大规模数据集的应用。

（3）YARN 是统一资源管理和调度平台。它解决了上一代 Hadoop 资源利用率低和不能兼容异构计算框架等多种问题，实现了资源隔离方案和双调度器。

（4）MapReduce 是一种编程模型，利用函数式编程思想，将对数据集的过程分为 Map 和 Reduce 两个阶段。MapReduce 编程模型非常适合进行分布式计算。Hadoop 提供 MapReduce 的计算框架，实现了这种编程模型，开发人员可以通过 Java、C++、Python、PHP 等多种语言进行编程。

（5）Spark 是加州伯克利大学 AMP 实验室开发的新一代计算框架，在迭代计算方面有很大优势，与 MapReduce 相比性能提升明显，可以与 YARN 集成，还提供了 SparkSQL 组件。

（6）HBase 源于 Google 的 Bigtable 论文，是一个分布式的开源数据库，采用了 Bigtable 的数据模型——列族。HBase 擅长对大规模数据进行随机、实时读写访问。

（7）Zookeeper 作为一个分布式服务框架，是基于 Fast Paxos 算法实现的，解决分布式系统中一致性的问题。提供了配置维护、名字服务、分布式同步、组服务等。

Hive 最早是 Facebook 开发并使用的，是基于 Hadoop 的一个数据仓库工具，可以将结构化的数据文件映射为一张表，提供简单的 SQL 查询功能，并将 SQL 转化为 MapReduce 作业运行。优点是学习成本低，降低了 Hadoop 的使用门槛。

（8）Pig 与 Hive 类似，也是对大规模数据集进行分析和评估的工具。与 Hive 不同的是，Pig 提供了一种高层的、面向领域的抽象语言 Pig Latin。Pig 可以将 Pig Latin 转化为 MapReduce 作业。与 SQL 相比，Pig Latin 更加灵活，但学习成本更高。

（9）Impala 是 Cloudera 公司开发的，可以对数据提供交互查询的 SQL 接口。Impala 和 Hive 使用相同的统一存储平台，相同的元数据，SQL 语法，ODBC 驱动程序和用户界面。Impala 还提供了一个熟悉的面向批量或者实时查询的统一平台。Impala 的特点是查询速度非常快，其性能大幅度领先于 Hive。Impala 并不是基于 MapReduce 的，它的定位是 OLAP，是 Google 的新三驾马车之一 Dremel 的开源实现。

（10）Mahout 是一个机器学习和数据挖掘的库，它利用 MapReduce 编程模型实现 *k*-means、Native、Bayes、Collaborative Filtering 等经典的机器学习算法，并使其具有良好的可扩展性。

（11）Flume 是 Cloudera 公司提供的一个高可用、高可靠、分布式的海量日志采集、聚合和传输系统，支持在日志系统中定制各类数据发送方，用于数据收集。Flume 拥有对数据进行简单处理并写到各个数据接收方的能力。

（12）Sqoop 是 SQL to Hadoop 的缩写，主要作用是在结构化的数据存储与 Hadoop 之间进行数据双向交换。也就是说，Sqoop 可以将关系型数据库的数据导入 HDFS、Hive，也可以将其从 HDFS、Hive 导出到关系型数据库中。Sqoop 利用了 Hadoop 的优点，整个导入导出都是由 MapReduce 计算框架实现并行化，非常高效。

（13）Kafka 是一种高吞吐量的分布式发布/订阅消息系统，具有分布式、高可用的特性，在大数据系统中得到了广泛应用。如果把大数据系统比作一台计算机，那么 Kafka 就是前端总线，它连接了平台中的各个组件。

3.3 Hadoop 工作原理

HDFS 即 Hadoop 分布式文件系统，它的设计目标是把大规模数据集存储到集群中的多台普通商用计算机上，并提供高可靠性和高吞吐量的服务。

HDFS 是参考 Google 公司的 GFS 实现的，不管是 Google 公司的计算平台还是 Hadoop 计算平台，都是运行在大量普通商用计算机上的，这些计算机节点很容易出现硬件故障，而这两种计算平台都将硬件故障作为常态，通过软件设计保证系统的可靠性。

HDFS 的数据分块地存储在每个节点上，当某个节点出现故障时，HDFS 相关组件能快速检测故障，提供容错机制并完成数据的自动恢复。

HDFS 主要由 NameNode、SecondaryNameNode 和 DataNode 3 个组件构成，是以 Master/Slave 模式运行的。

其中，NameNode 和 SecondaryNameNode 运行在 Master 节点上，而 DataNode 运行在 Slave 节点上，所以 HDFS 集群一般由一个 NameNode、一个 SecondaryNameNode 和多个 DataNode 组成，其架构如图 3-2 所示。

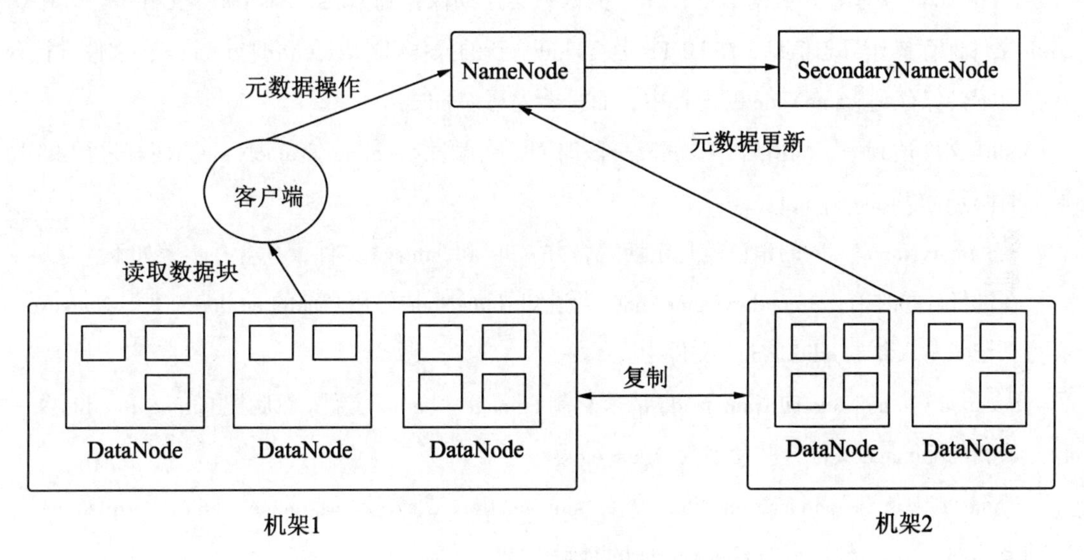

图 3-2 HDFS 集群架构

在 HDFS 中，文件是被分成块进行存储的，一个文件可以包含多个块，每个块存储在不同的 DataNode 中。从图 3-2 中可知，当一个客户端请求读取一个文件时，它需要先从 NameNode 中获取文件的元数据信息，然后从对应的数据节点上并行地读取数据块。

1. NameNode

NameNode 是主服务器，负责管理文件系统的命名空间及客户端对文件的访问。当客户端请求数据时，仅从 NameNode 中获取文件的元数据信息，具体的数据传输不经过 NameNode，而是直接与具体的 DataNode 进行交互。

文件的元数据信息记录了文件系统中的文件名和目录名，以及它们之间的层级关系，每个文件目录的所有者及其权限，还记录了每个文件由哪些块组成，这些元数据信息记录在文件 fsimage 中，当系统初次启动时，NameNode 将读取 fsimage 中的信息并保存到内存中。

这些块的位置信息是由 NameNode 启动后从每个 DataNode 获取并保存在内存当中的，这样既减少了 NameNode 的启动时间，又减少了读取数据的查询时间，提高了整个系统的效率。

2. SecondaryNameNode

从字面意义上来看，SecondaryNameNode 很容易被当作 NameNode 的备份节点，其实不然。可以通过图 3-3 看 HDFS 中 SecondaryNameNode 的作用。

NameNode 管理着元数据信息，元数据信息会定期保存到 edits 和 fsimage 文件中。其中，edits 文件保存操作日志信息，在 HDFS 运行期间，新的操作日志不会立即与 fsimage 文件进行合并，也不会保存到 NameNode 的内存中，而是会先写入 edits 文件。

edits 文件达到一定阈值后，或间隔一段时间，会触发 SecondaryNameNode，使其进行工作，这个时间点称为 checkpoint。

SecondaryNameNode 的角色就是定期地合并 edits 和 fsimage 文件，其合并步骤如下：

在进行合并之前，SecondaryNameNode 会通知 NameNode 停用当前的 editlog 文件，NameNode 会将新记录写入新的 editlog.new 文件中。

SecondaryNameNode 向 NameNode 请求复制 fsimage 和 edits 文件，然后把 fsimag 和 edits 文件合并成新的 fsimage 文件，并命名为 fsimage.ckpt。

NameNode 从 SecondaryNameNode 获取 fsimage.ckpt，并替换掉 fsimage，同时用 edits.new 文件替换旧的 edits 文件，更新 checkpoint 的时间。

最终 fsimage 保存的是上一个 checkpoint 的元数据信息，而 edits 保存的是从上个 checkpoint 开始发生的 HDFS 元数据改变的信息。

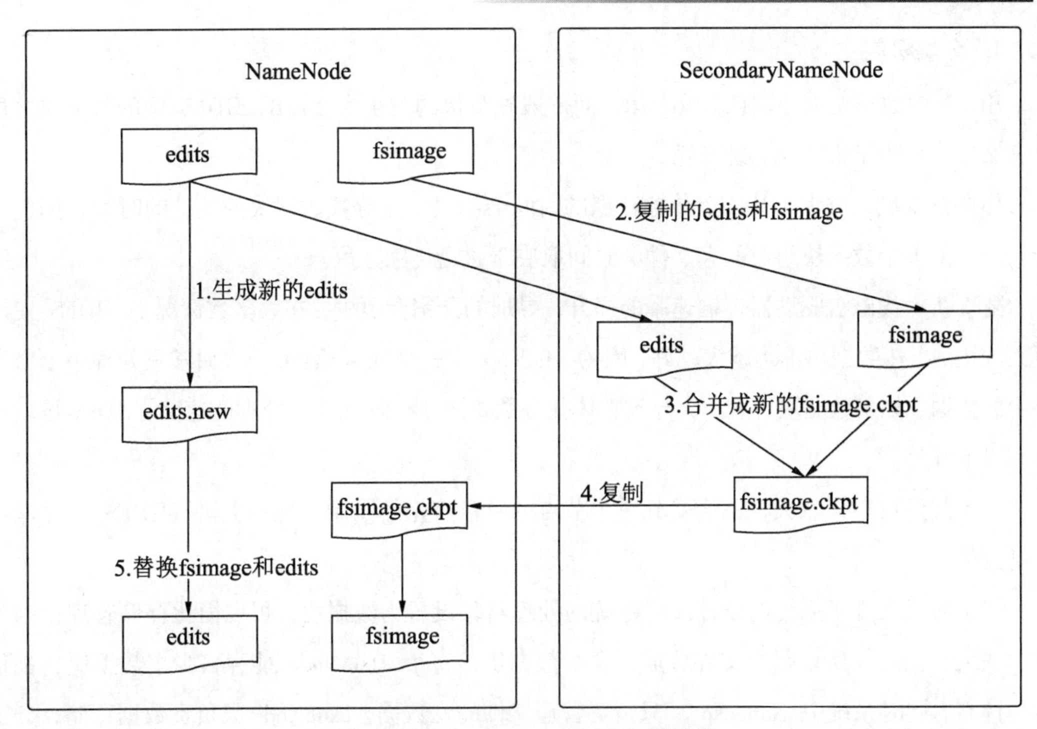

图 3-3 SecondaryNameNode 数据管理

3. DataNode

DataNode 是 HDFS 中的工作节点，也是从服务器，负责存储数据块、为客户端提供数据块的读写服务，同时响应 NameNode 的相关指令，如完成数据块的复制、删除等。

DataNode 会定期发送心跳信息给 NameNode，告知 NameNode 当前节点存储的文件块信息。当客户端给 NameNode 发送读写请求时，NameNode 告知客户端每个数据块所在的 DataNode 信息，然后客户端直接与 DataNode 进行通信，减少了 NameNode 的系统开销。

当 DataNode 在执行块存储操作时，DataNode 还会与其他 DataNode 通信，复制这些块到其他 DataNode 上进行冗余实现。

3.4 HDFS 分块与副本机制

在 HDFS 中，文件最终是以数据块的形式存储的，而副本机制极大程度上避免了宕机所造成的数据丢失，可以在数据读取时进行数据校验。

1. 分块机制

HDFS 中数据块大小默认为 64MB，而一般磁盘块的大小为 512B，HDFS 中的数据块之所以这么大，是为了最小化寻址开销。

如果数据块足够大，从磁盘传输数据的时间会明显大于寻找数据块的地址的时间，因此，传输一个由多个数据块组成的大文件的时间取决于磁盘传输速率。

随着新一代磁盘驱动器传输速率的提升，寻址的开销会更少，在大多数情况下 HDFS 使用更大的块。当然数据块不是越大越好，因为 Hadoop 中一个 map 任务一次通常只处理一个数据块中的数据，如果数据块过大，会导致整体任务数量过小，降低作业处理的速度。HDFS 按块存储有以下好处。

（1）文件可以任意大，不会受到单个节点的磁盘容量的限制。理论上讲，HDFS 的存储容量是无限的。

（2）简化文件子系统的设计。将系统的处理对象设置为数据块，可以简化存储管理，因为数据块大小固定，所以每个文件分成多少个数据块，每个 DataNode 能存多少个数据块，都很容易计算。同时系统中 NameNode 只负责管理文件的元数据，DataNode 只负责数据存储，分工明确，提高了系统的效率。

（3）有利于提高系统的可用性。HDFS 通过数据备份来提供数据的容错能力和高可用性，而按照数据块的存储方式非常适合数据备份。同时，数据块以副本形式存在于多个 DataNode 中，有利于负载均衡，即当某个节点处于繁忙状态时，客户端还可以从其他节点获取这个数据块的副本。

2. 副本机制

HDFS 中数据块的副本数默认为 3，当然数据块的副本数可以设置，这些副本分散存储在集群中。副本的分布位置直接影响 HDFS 的可靠性和性能。

大型的分布式文件系统会跨多个机架，图 3-4 所示为 HDFS 涉及 2 个机架的架构。

把所有副本都存放在不同的机架上，可以防止出现由机架故障导致数据块不可用的情况，同时在多个客户端访问文件系统时很容易实现负载均衡。如果是写数据，则各个数据块需要同步到不同机架上，会影响写数据的效率。

在默认 3 个副本情况下，HDFS 会把第 1 个副本放到机架的一个节点上，第 2 个副本放在同一个机架的另一个节点上，第 3 个副本放在不同的机架上。这种策略减少了跨机架副本的个数，提高了数据块的写性能，也可以保证当一个机架出现故障时仍然能正常运转。

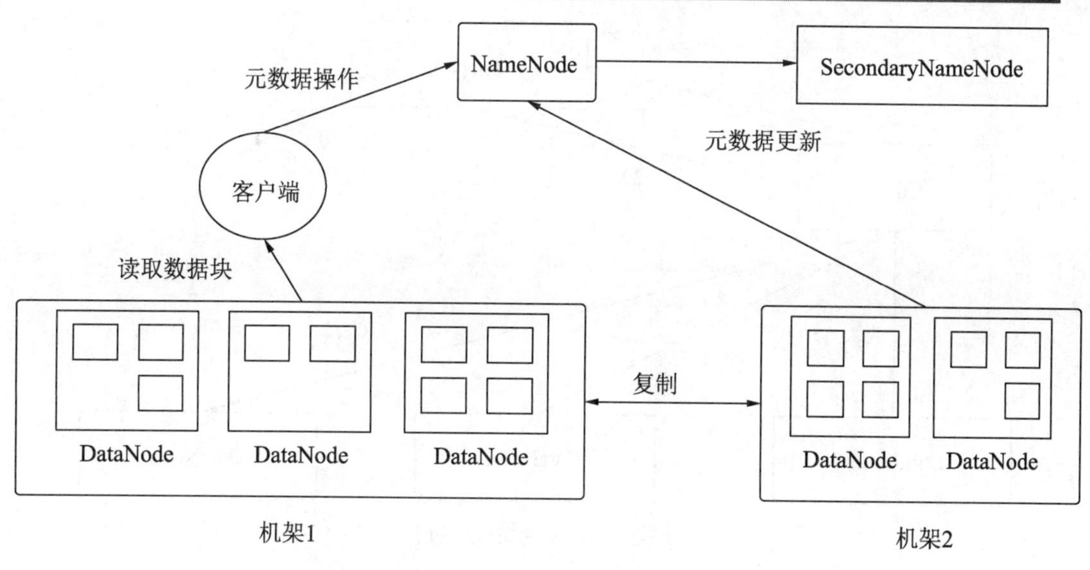

图 3-4　HDFS 架构图（2 个机架）

3.5　HDFS 读写机制剖析

前面讲到客户端读写文件是要与 NameNode 和 DataNode 通信的，下面详细介绍 HDFS 中读写文件的过程。

3.5.1　读文件

HDFS 通过 RPC 调用 NameNode 获取文件块的位置信息，并且返回每个数据块所在的 DataNode 的地址信息，然后再从 DataNode 获取数据块的副本。HDFS 读文件的过程如图 3-5 所示。

Hadoop 读文件操作步骤如下所述。

（1）客户端发起文件读取的请求。

（2）NameNode 将文件对应的数据块信息及每个数据块的位置信息，包括每个数据块的所有副本的位置信息（即每个副本所在的 DataNode 的地址信息）都传送给客户端。

（3）客户端收到数据块信息后，直接和数据块所在的 DataNode 通信，并行地读取数据块。

在客户端获得 NameNode 关于每个数据块的信息后，客户端会根据网络拓扑选择与它最近的 DataNode 来读取每个数据块。当与 DataNode 通信失败时，它会选取另一个较近的 DataNode，同时会对出故障的 DataNode 做标记，避免与其重复通信，并发送 NameNode 故障节点的信息。

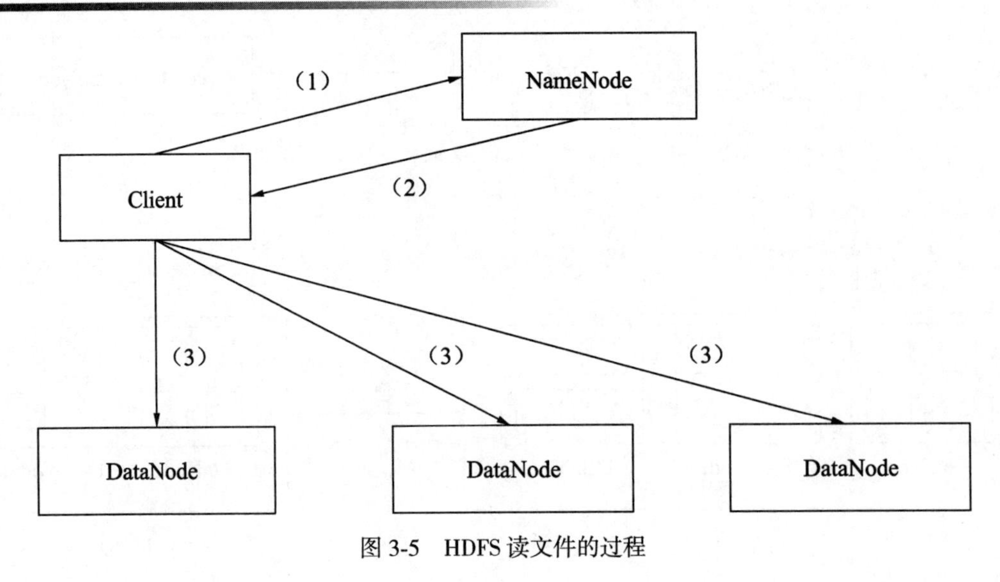

图 3-5 HDFS 读文件的过程

3.5.2 写文件

当客户端发送写文件请求时，NameNode 负责通知 DataNode 创建文件，在创建之前会检查客户端是否有允许写入数据的权限。通过检测后，NameNode 会向 edits 文件写入一条创建文件的操作记录。

HDFS 写文件的过程如图 3-6 所示。

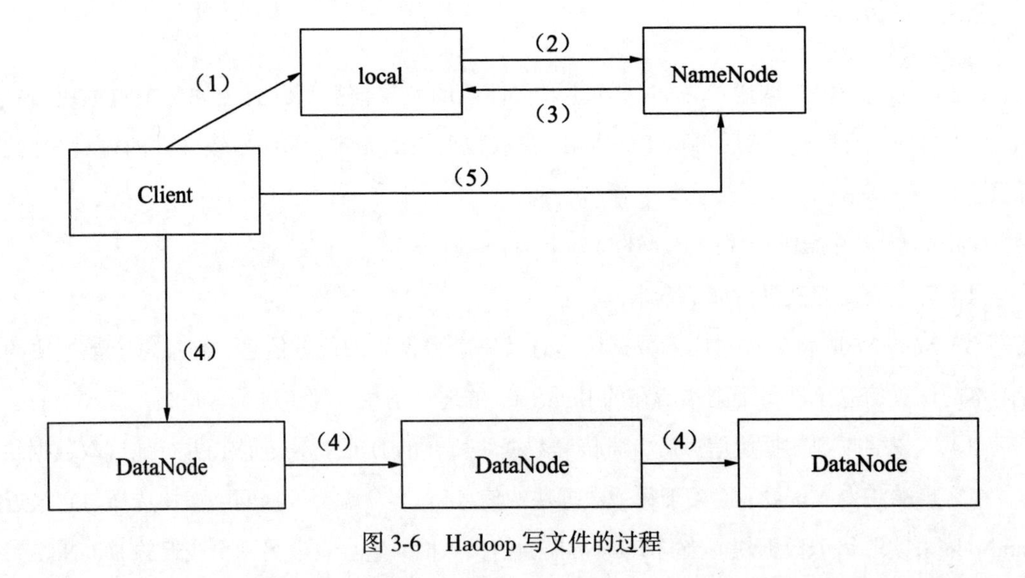

图 3-6 Hadoop 写文件的过程

Hadoop写文件的操作步骤如下。

（1）客户端在向 NameNode 发送写请求之前，先将数据写入本地的临时文件中。

（2）待临时文件块达到系统设置的块大小时，开始向 NameNode 请求写文件。

（3）NameNode 检查集群中每个 DataNode 的状态信息，获取空闲的节点，并在检查客户端权限后创建文件，返回客户端一个数据块及其对应 DataNode 的地址列表。列表中包含副本存放的地址。

（4）客户端在获取 DataNode 相关信息后，将临时文件中的数据块写入列表中的第 1 个 DataNode，同时第1个DataNode会将数据以副本的形式传送至第2个DataNode，第2个节点也会将数据传送至第3个DataNode。DataNode以数据包的形式从客户端接收数据，并以流水线的形式将数据写入和备份到所有的DataNode中，每个DataNode收到数据后会向前一个节点发送确认信息。数据传输完毕，第1个DataNode会向客户端发送确认信息。

（5）当客户端收到每个 DataNode 的确认信息时，表示数据块已经持久化地存储在所有DataNode中，接着客户端会向NameNode发送确认信息。如果在第4步中任意一个DataNode失败，客户端则会告知NameNode，将数据备份到新的 DataNode 中。

3.6 Hadoop环境要求

从0开始构建一套Hadoop大数据平台，实战环境为目前主流服务器操作系统CentOS 7.x。Hadoop的安装部署属于Java进程，就是启动了JVM进程运行服务。

（1）HDFS：存储数据，提供分析的数据。

```
NameNode/DataNode
```

（2）YARN：提供程序运行的资源。

```
ResourceManager/NodeManager
```

```
系统版本：CentOS 7.x x86_64
Java版本：JDK-1.8.0_131
Hadoop版本：hadoop-3.2.1
192.168.1.145   namenode、secondary namenode、resource manager
192.168.1.146   datanode、nodemanager
192.168.1.147   datanode、nodemanager
```

3.7 hosts 及防火墙设置

部署 Hadoop 服务之前，需要对 node1、node2、node3 节点进行添加 hosts、同步时间、关闭防火墙、SELinux、修改主机名等操作，操作方法和命令如下：

```
cat >/etc/hosts<<EOF
127.0.0.1  localhost localhost.localdomain
192.168.1.145 node1
192.168.1.146 node2
192.168.1.147 node3
EOF
sed -i '/SELINUX/s/enforcing/disabled/g'  /etc/sysconfig/selinux
setenforce  0
systemctl   stop     firewalld.service
systemctl   disable   firewalld.service
yum install ntpdate rsync lrzsz -y
ntpdate  pool.ntp.org
hostname 'cat /etc/hosts|grep $(ifconfig|grep broadcast|awk '{print $2}')|
awk '{print $2}'';su
```

3.8 配置节点免密钥登录

node1 节点作为 Master 控制节点，执行以下指令创建公钥和私钥，然后将公钥复制至其余节点即可。

```
ssh-keygen -t rsa -N '' -f /root/.ssh/id_rsa -q
ssh-copy-id -i /root/.ssh/id_rsa.pub root@node1
ssh-copy-id -i /root/.ssh/id_rsa.pub root@node2
ssh-copy-id -i /root/.ssh/id_rsa.pub root@node3
```

3.9 配置节点 Java 环境

为所有的节点配置 Java JDK 环境，操作方法和命令如下：

```
#解压 JDK 软件包
tar  -xvzf  jdk1.8.0_131.tar.gz
#创建 JDK 部署目录
```

```
mkdir -p  /usr/java/
\mv jdk1.8.0_131 /usr/java/
#设置环境变量
cat>>/etc/profile<<EOF
export JAVA_HOME=/usr/java/jdk1.8.0_131/
export HADOOP_HOME=/data/hadoop/
export JAVA_LIBRARY_PATH=/data/hadoop/lib/native/
export PATH=\$PATH:\$HADOOP_HOME/bin/:\$JAVA_HOME/bin
EOF
#使环境变量生效
source /etc/profile
java -version
```

3.10　Hadoop 部署实战

在 node1 节点部署 Hadoop 并且进行相应的配置，操作方法和命令如下：

```
#下载 Hadoop 软件包
yum install wget -y
wget -c https://mirrors.tuna.tsinghua.edu.cn/apache/hadoop/common/hadoop-
3.2.1/hadoop-3.2.1.tar.gz
#解压 Hadoop 软件包
tar  -xzvf  hadoop-3.2.1.tar.gz
#创建 Hadoop 程序&数据目录
mkdir -p /data/
#将 Hadoop 程序部署至/data/hadoop 目录下
\mv hadoop-3.2.1/ /data/hadoop/
#查看 Hadoop 是否部署成功
ls -l /data/hadoop/
```

3.11　node1 Hadoop 配置

（1）修改 node1 节点 core-site.xml 文件代码（操作命令：vi/data/hadoop/etc/hadoop/core-site.xml），代码如下：

```
<?xml version="1.0" encoding="UTF-8"?>
<?xml-stylesheet type="text/xsl" href="configuration.xsl"?>
<configuration>
<property>
```

```
    <name>fs.default.name</name>
    <value>hdfs://node1:9000</value>
   </property>
  <property>
    <name>hadoop.tmp.dir</name>
    <value>/tmp/hadoop-${user.name}</value>
    <description>A base for other temporary directories.</description>
  </property>
  </configuration>
```

（2）修改 node1 节点 mapred-site.xml 文件代码（操作命令：vi /data/hadoop/etc/hadoop/mapred-site.xml），代码如下：

```
<?xml version="1.0" encoding="UTF-8"?>
<?xml-stylesheet type="text/xsl" href="configuration.xsl"?>
<configuration>
    <property>
     <name>mapred.job.tracker</name>
     <value>node1:9001</value>
    </property>
</configuration>
```

（3）修改 node1 节点 hdfs-site.xml 文件代码（操作命令：vi /data/hadoop/etc/hadoop/hdfs-site.xml），代码如下：

```
<?xml version="1.0" encoding="UTF-8"?>
<?xml-stylesheet type="text/xsl" href="configuration.xsl"?>
<configuration>
<property>
<name>dfs.name.dir</name>
<value>/data/hadoop/data_name1,/data/hadoop/data_name2</value>
</property>
<property>
<name>dfs.data.dir</name>
<value>/data/hadoop/data_1,/data/hadoop/data_2</value>
</property>
<property>
<name>dfs.replication</name>
<value>2</value>
</property>
</configuration>
```

（4）修改hadoop-env.sh文件（操作命令：vi /data/hadoop/etc/hadoop/hadoop-env.sh），在末尾追加JAVA_ HOME变量，操作命令如下：

```
echo "export JAVA_HOME=/usr/java/jdk1.8.0_131/" >> /data/hadoop/etc/
hadoop/hadoop-env.sh
```

（5）修改workers文件（操作命令：vi /data/hadoop/etc/hadoop/workers），操作命令如下：

```
cat>/data/hadoop/etc/hadoop/workers<<EOF
node1
node2
node3
EOF
```

（6）修改Hadoop默认启动、关闭脚本，添加root执行权限，操作命令如下：

```
cd /data/hadoop/sbin/
for i in 'ls start*.sh stop*.sh';do sed -i "1a\HDFS_DATANODE_USER=root\nHDFS_
DATANODE_SECURE_USER=root\nHDFS_NAMENODE_USER=root\nHDFS_SECONDARYNAMENODE_
USER=root\nYARN_RESOURCEMANAGER_USER=root\n\YARN_NODEMANAGER_USER=root"
$i ;done
```

（7）将node1部署完成的与Hadoop有关的所有文件、目录同步至node2和node3节点，操作命令如下：

```
for i in 'seq 2 3';do ssh -l root node$i -a "mkdir -p /data/hadoop/" ;done
for i in 'seq 2 3';do rsync -aP --delete /data/hadoop/ root@node$i:/data/
hadoop/ ;done
```

3.12　启动Hadoop服务

在启动Hadoop服务之前，需要执行一个非常关键的操作，即需要在NameNode上执行初始化命令，初始化name目录和数据目录。操作命令如下，结果如图3-7所示。

```
#初始化集群
hadoop namenode -format
#停止所有服务
/data/hadoop/sbin/stop-all.sh
#使用kill停止服务
ps -ef|grep hadoop|grep java |grep -v grep |awk '{print $2}'|xargs kill -9
sleep 2
#启动所有服务
/data/hadoop/sbin/start-all.sh
```

```
[root@node1 ~]#
[root@node1 ~]# hadoop namenode -format
WARNING: Use of this script to execute namenode is deprecated.
WARNING: Attempting to execute replacement "hdfs namenode" instead.

WARNING: /data/hadoop//logs does not exist. Creating.
2021-04-12 18:01:01,692 INFO namenode.NameNode: STARTUP_MSG:
/************************************************************
STARTUP_MSG: Starting NameNode
STARTUP_MSG:   host = node1/192.168.1.145
STARTUP_MSG:   args = [-format]
STARTUP_MSG:   version = 3.3.0
STARTUP_MSG:   classpath = /data/hadoop//etc/hadoop:/data/hadoop//share/hadoop/comm
```

（a）

```
2021-04-12 18:01:03,660 INFO common.Storage: Storage directory /data/hadoop/data_
2021-04-12 18:01:03,662 INFO common.Storage: Storage directory /data/hadoop/data_
2021-04-12 18:01:03,725 INFO namenode.FSImageFormatProtobuf: Saving image file /d
ression
2021-04-12 18:01:03,731 INFO namenode.FSImageFormatProtobuf: Saving image file /d
ression
2021-04-12 18:01:03,958 INFO namenode.FSImageFormatProtobuf: Image file /data/had
ved in 0 seconds .
2021-04-12 18:01:03,958 INFO namenode.FSImageFormatProtobuf: Image file /data/had
ved in 0 seconds .
2021-04-12 18:01:04,004 INFO namenode.NNStorageRetentionManager: Going to retain
2021-04-12 18:01:04,017 INFO namenode.FSImage: FSImageSaver clean checkpoint: tx
2021-04-12 18:01:04,018 INFO namenode.FSImage: FSImageSaver clean checkpoint: tx
2021-04-12 18:01:04,020 INFO namenode.NameNode: SHUTDOWN_MSG:
/************************************************************
```

（b）

```
[root@node1 ~]# /data/hadoop/sbin/start-all.sh
Starting namenodes on [node1]
Last login: Mon Apr 12 17:48:48 CST 2021 on pts/0
node1: Warning: Permanently added 'node1,192.168.1.145' (ECDSA) to the list of kno
node1: Permission denied (publickey,gssapi-keyex,gssapi-with-mic,password).
Starting datanodes
Last login: Mon Apr 12 18:04:59 CST 2021 on pts/0
node1: Permission denied (publickey,gssapi-keyex,gssapi-with-mic,password).
node3: WARNING: /data/hadoop/logs does not exist. Creating.
node2: WARNING: /data/hadoop/logs does not exist. Creating.
Starting secondary namenodes [node1]
Last login: Mon Apr 12 18:04:59 CST 2021 on pts/0
node1: Permission denied (publickey,gssapi-keyex,gssapi-with-mic,password).
```

（c）

图 3-7　初始化 name 目录和数据目录

3.13　Hadoop 集群验证

查看 3 个节点的 Hadoop 服务进程和服务端口信息，操作命令如下，结果如图 3-8 所示。

```
#查看服务进程
ps -ef|grep -aiE hadoop
```

```
#查看服务端口
netstat -tnlp
#查看 Java 进程
jps
#查看 Hadoop 日志内容
tail -fn 100 /data/hadoop/logs/*
```

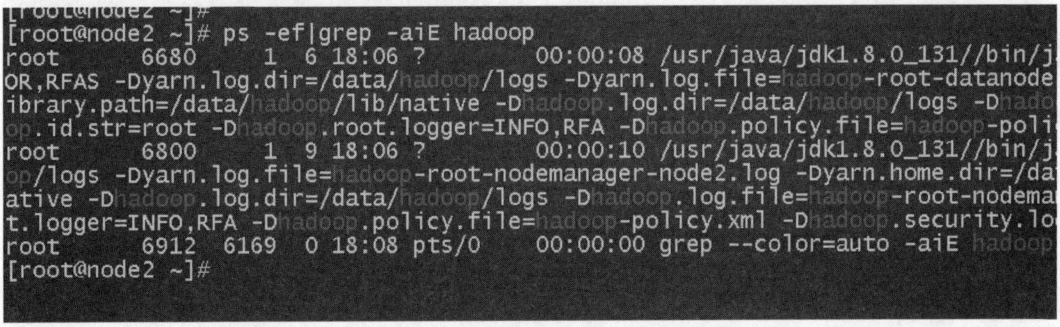

```
[root@node2 ~]# ps -ef|grep -aiE hadoop
root      6680     1  6 18:06 ?        00:00:08 /usr/java/jdk1.8.0_131//bin/j
OR,RFAS -Dyarn.log.dir=/data/hadoop/logs -Dyarn.log.file=hadoop-root-datanode
ibrary.path=/data/hadoop/lib/native -Dhadoop.log.dir=/data/hadoop/logs -Dhado
op.id.str=root -Dhadoop.root.logger=INFO,RFA -Dhadoop.policy.file=hadoop-poli
root      6800     1  9 18:06 ?        00:00:10 /usr/java/jdk1.8.0_131//bin/j
op/logs -Dyarn.log.file=hadoop-root-nodemanager-node2.log -Dyarn.home.dir=/da
ative -Dhadoop.log.dir=/data/hadoop/logs -Dhadoop.log.file=hadoop-root-nodema
t.logger=INFO,RFA -Dhadoop.policy.file=hadoop-policy.xml -Dhadoop.security.lo
root      6912  6169  0 18:08 pts/0    00:00:00 grep --color=auto -aiE hadoop
[root@node2 ~]#
```

（a）

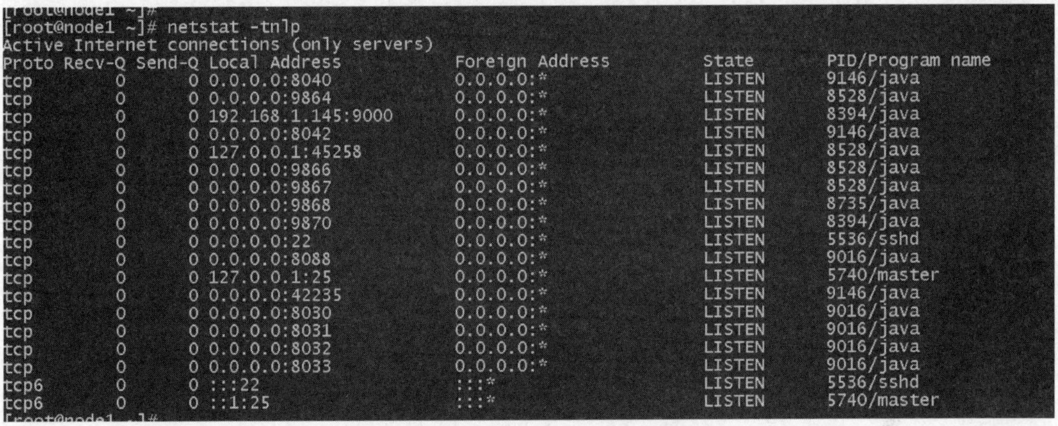

```
[root@node1 ~]# netstat -tnlp
Active Internet connections (only servers)
Proto Recv-Q Send-Q Local Address           Foreign Address         State       PID/Program name
tcp        0      0 0.0.0.0:8040            0.0.0.0:*               LISTEN      9146/java
tcp        0      0 0.0.0.0:9864            0.0.0.0:*               LISTEN      8528/java
tcp        0      0 192.168.1.145:9000      0.0.0.0:*               LISTEN      8394/java
tcp        0      0 0.0.0.0:8042            0.0.0.0:*               LISTEN      9146/java
tcp        0      0 127.0.0.1:45258         0.0.0.0:*               LISTEN      8528/java
tcp        0      0 0.0.0.0:9866            0.0.0.0:*               LISTEN      8528/java
tcp        0      0 0.0.0.0:9867            0.0.0.0:*               LISTEN      8528/java
tcp        0      0 0.0.0.0:9868            0.0.0.0:*               LISTEN      8735/java
tcp        0      0 0.0.0.0:9870            0.0.0.0:*               LISTEN      8394/java
tcp        0      0 0.0.0.0:22              0.0.0.0:*               LISTEN      5536/sshd
tcp        0      0 0.0.0.0:8088            0.0.0.0:*               LISTEN      9016/java
tcp        0      0 127.0.0.1:25            0.0.0.0:*               LISTEN      5740/master
tcp        0      0 0.0.0.0:42235           0.0.0.0:*               LISTEN      9146/java
tcp        0      0 0.0.0.0:8030            0.0.0.0:*               LISTEN      9016/java
tcp        0      0 0.0.0.0:8031            0.0.0.0:*               LISTEN      9016/java
tcp        0      0 0.0.0.0:8032            0.0.0.0:*               LISTEN      9016/java
tcp        0      0 0.0.0.0:8033            0.0.0.0:*               LISTEN      9016/java
tcp6       0      0 :::22                   :::*                    LISTEN      5536/sshd
tcp6       0      0 ::1:25                  :::*                    LISTEN      5740/master
```

（b）

图 3-8　查看服务端口和服务端口信息

3.14　Hadoop Web 测试

根据以上配置，可以成功部署 Hadoop 大数据平台，访问 node1 9870 端口（URL：http://192.168.1.145:9870/），如图 3-9 所示。

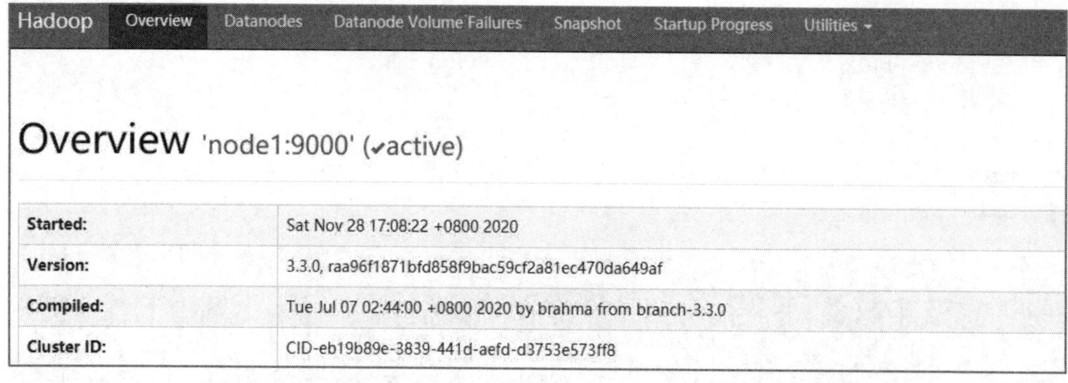

（a）

Node	Http Address	Last contact	Last Block Report	Used	Non DFS Used		Capacity	Blocks	pool used	Version
✔node3:9866 (192.168.1.147:9866)	http://node3:9864	1s	2m	8 KB	7.1 GB	38.98 GB		0	8 KB (0%)	3.3.0
✔node1:9866 (192.168.1.145:9866)	http://node1:9864	0s	2m	8 KB	8.04 GB	38.98 GB		0	8 KB (0%)	3.3.0
✔node2:9866 (192.168.1.146:9866)	http://node2:9864	1s	2m	8 KB	7.62 GB	38.98 GB		0	8 KB (0%)	3.3.0

Showing 1 to 3 of 3 entries　　Previous 1 Next

Entering Maintenance

（b）

图 3-9　Hadoop Web 平台效果

访问 Hadoop 集群 Web 地址：http://192.168.1.145:8088/，如图 3-10 所示。

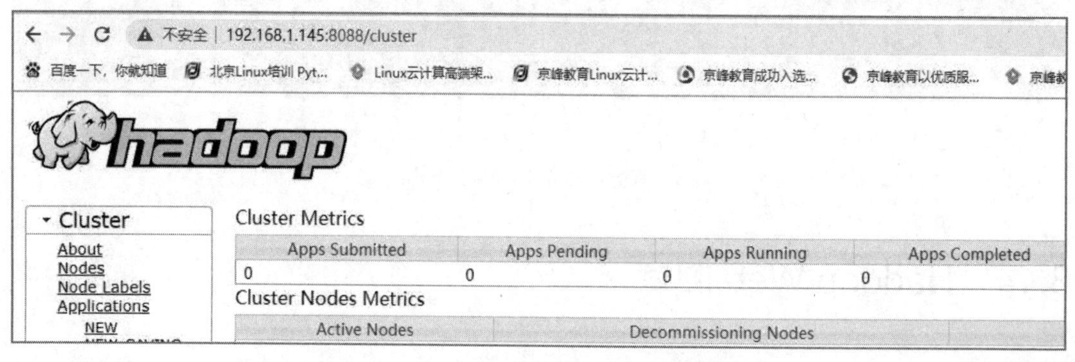

（a）

图 3-10　Hadoop 集群 Web 界面

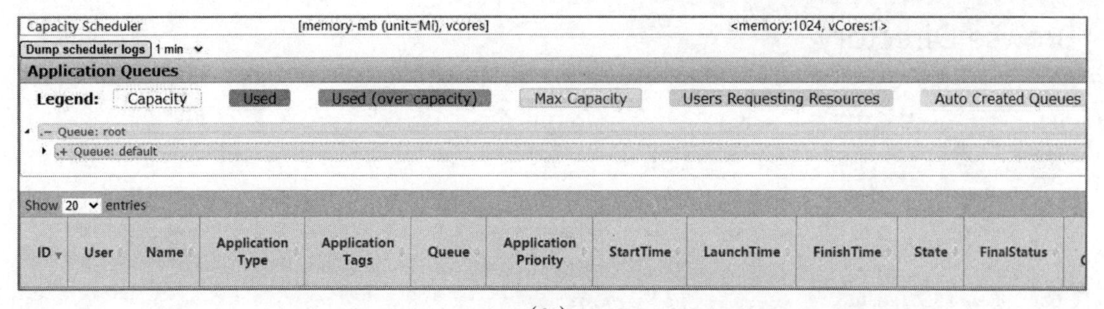

（b）

图 3-10　（续）

至此，Hadoop 大数据集群搭建完毕。

3.15　Hadoop 命令实战

Hadoop 在生产环境中使用时，业务系统或者网站可以通过 Web 接口访问 HDFS 分布式文件系统。NameNode 和 DataNode 各自启动了一个内置的 Web 服务器，显示了集群当前的基本状态和信息。

默认配置下，NameNode 的首页地址是 http://namenode–name:8088/。这个页面列出了集群里的所有 DataNode 和集群的基本状态。这个 Web 接口也可以用来浏览整个文件系统，如图 3-11 所示。

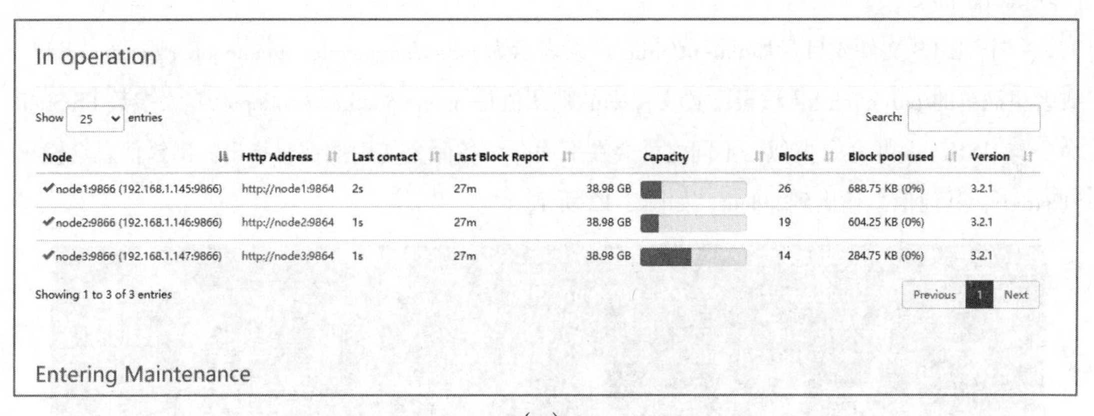

（a）

图 3-11　浏览节点状态与文件系统

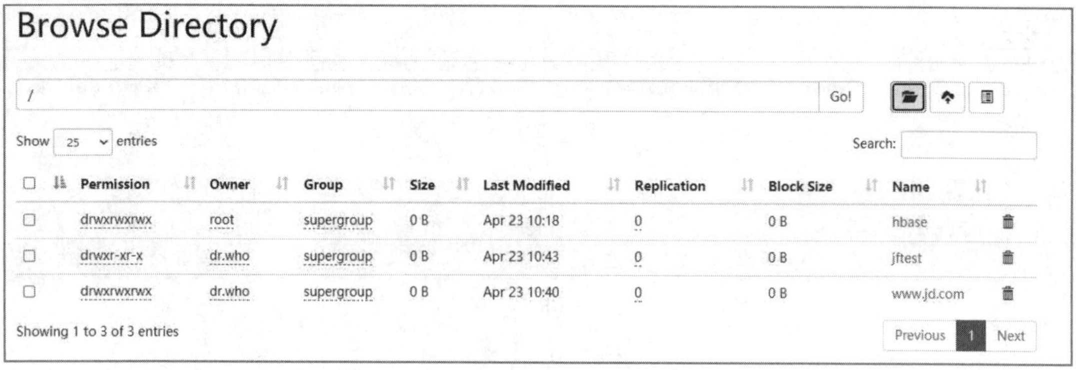

Browse Directory

/ Go!

Show 25 entries Search:

	Permission	Owner	Group	Size	Last Modified	Replication	Block Size	Name	
☐	drwxrwxrwx	root	supergroup	0 B	Apr 23 10:18	0	0 B	hbase	
☐	drwxr-xr-x	dr.who	supergroup	0 B	Apr 23 10:43	0	0 B	jftest	
☐	drwxrwxrwx	dr.who	supergroup	0 B	Apr 23 10:40	0	0 B	www.jd.com	

Showing 1 to 3 of 3 entries Previous 1 Next

（b）

图 3-11 （续）

除了使用 Web 接口，还可以使用 Shell 命令行访问，Hadoop 包括一系列的类 Shell 命令，可直接与 HDFS 及其他 Hadoop 支持的文件系统交互。bin/hadoop fs-help 命令可以列出所有 Hadoop Shell 支持的命令。

这些命令支持大多数普通文件系统的操作，如复制文件、改变文件权限等。它还支持一些 HDFS 特有的操作，如改变文件副本数目。调用文件系统（FS）Shell 命令应使用 bin/hadoop fs <args>的形式。所有的 FS Shell 命令使用 URI 路径作为参数。

URI 格式是 scheme://authority/path。对于 HDFS 文件系统，scheme 是 hdfs；对于本地文件系统，scheme 是 file。其中，scheme 和 authority 参数都是可选的，如果未指定，就会使用配置中的默认 scheme。

一个 HDFS 文件或目录如/parent/child 可以表示为 hdfs://namenode:namenodeport/parent/child，或者更简单的/parent/child（假设配置文件中的默认值是 namenode:namenodeport）。大多数 FS Shell 命令与 UNIX Shell 命令类似，不同之处会在下面介绍各命令使用详情时指出。出错信息会输出到 stderr，其他信息输出到 stdout，如图 3-12 所示。

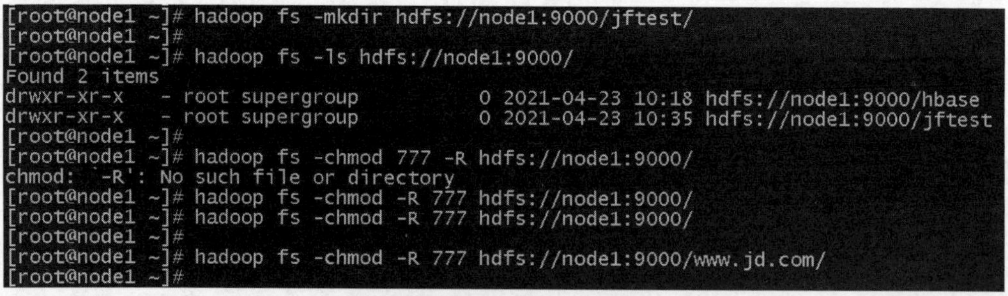

```
[root@node1 ~]# hadoop fs -mkdir hdfs://node1:9000/jftest/
[root@node1 ~]#
[root@node1 ~]# hadoop fs -ls hdfs://node1:9000/
Found 2 items
drwxr-xr-x   - root supergroup          0 2021-04-23 10:18 hdfs://node1:9000/hbase
drwxr-xr-x   - root supergroup          0 2021-04-23 10:35 hdfs://node1:9000/jftest
[root@node1 ~]#
[root@node1 ~]# hadoop fs -chmod 777 -R hdfs://node1:9000/
chmod: `-R': No such file or directory
[root@node1 ~]# hadoop fs -chmod -R 777 hdfs://node1:9000/
[root@node1 ~]# hadoop fs -chmod -R 777 hdfs://node1:9000/
[root@node1 ~]#
[root@node1 ~]# hadoop fs -chmod -R 777 hdfs://node1:9000/www.jd.com/
[root@node1 ~]#
```

图 3-12 Hadoop 的 Shell 命令

① cat

使用方法：hadoop fs -cat URI [URI …]

含义：将路径指定文件的内容输出到 stdout。

示例如下：

```
hadoop fs -cat hdfs://host1:port1/file1 hdfs://host2:port2/file2
hadoop fs -cat file:///file3 /user/hadoop/file4
```

返回值：成功返回 0，失败返回-1。

② chgrp

使用方法：hadoop fs -chgrp [-R] GROUP URI [URI …]

含义：改变文件所属的组。使用-R 将使改变在目录结构下递归进行。命令的使用者必须是文件的所有者或者超级用户，更多的信息请参见 HDFS 权限用户指南。

③ chmod

使用方法：hadoop fs -chmod [-R] <MODE[,MODE]… | OCTALMODE> URI [URI …]

含义：改变文件的权限。使用-R 将使改变在目录结构下递归进行，命令的使用者必须是文件的所有者或者超级用户。更多的信息请参见 HDFS 权限用户指南。

④ chown

使用方法：hadoop fs -chown [-R] [OWNER][:[GROUP]] URI [URI]

含义：改变文件的拥有者。使用-R 将使改变在目录结构下递归进行，命令的使用者必须是超级用户。更多的信息请参见 HDFS 权限用户指南。

⑤ copyFromLocal

使用方法：hadoop fs -copyFromLocal <localsrc> URI

含义：除了限定源路径是一个本地文件外，与 put 命令相似。

⑥ copyToLocal

使用方法：hadoop fs -copyToLocal [-ignorecrc] [-crc] URI <localdst>

含义：除了限定目标路径是一个本地文件外，与 get 命令类似。

⑦ cp

使用方法：hadoop fs -cp URI [URI …] <dest>

含义：将文件从源路径复制到目标路径。这个命令允许有多个源路径，此时目标路径必须是一个目录。

示例如下：

```
hadoop fs -cp /user/hadoop/file1 /user/hadoop/file2
hadoop fs -cp /user/hadoop/file1 /user/hadoop/file2 /user/hadoop/dir
```

返回值：成功返回 0，失败返回-1。

⑧ du

使用方法：hadoop fs -du URI [URI …]

含义：显示目录中所有文件的大小，或者当只指定一个文件时，显示此文件的大小。

示例如下：

```
hadoop fs -du /user/hadoop/dir1 /user/hadoop/file1 hdfs://host:port/
user/hadoop/dir1
```

返回值：成功返回 0，失败返回-1。

⑨ dus

使用方法：hadoop fs -dus <args>

含义：显示文件的大小。

⑩ expunge

使用方法：hadoop fs -expunge

含义：清空回收站。请参考 HDFS 设计文档以获取更多关于回收站特性的信息。

⑪ get

使用方法：hadoop fs -get [-ignorecrc] [-crc] <src> <localdst>

含义：复制文件到本地文件系统。可用-ignorecrc 选项复制 CRC 校验失败的文件。使用-crc 选项复制文件以及 CRC 信息。

示例如下：

```
hadoop fs -get /user/hadoop/file localfile
hadoop fs -get hdfs://host:port/user/hadoop/file localfile
```

返回值：成功返回 0，失败返回-1。

⑫ getmerge

使用方法：hadoop fs -getmerge <src> <localdst> [addnl]

含义：接收一个源目录和一个目标文件作为输入，并且将源目录中所有的文件连接成本地目标文件。addnl 是可选的，用于指定在每个文件结尾添加一个换行符。

⑬ ls

使用方法：hadoop fs –ls <args>

含义：如果是文件，则按照以下格式返回文件信息。

```
文件名 <副本数> 文件大小 修改日期 修改时间 权限 用户 ID 组 ID
```

如果是目录，则返回它直接子文件的一个列表，就像在 UNIX 中一样。目录返回列表的信息如下：

```
目录名 <dir> 修改日期 修改时间 权限 用户 ID 组 ID
```

示例如下：

```
hadoop fs -ls /user/hadoop/file1 /user/hadoop/file2 hdfs://host:port/user/
hadoop/dir1 /nonexistentfile
```

返回值：成功返回 0，失败返回-1。

⑭ lsr

使用方法：hadoop fs –lsr <args>

含义：ls 命令的递归版本，类似于 UNIX 中的 ls –R。

⑮ mkdir

使用方法：hadoop fs –mkdir <paths>

含义：接收路径指定的 URI 作为参数，创建这些目录。其行为类似于 UNIX 的 mkdir –p，它会创建路径中的各级父目录。

示例如下：

```
hadoop fs -mkdir /user/hadoop/dir1 /user/hadoop/dir2
hadoop fs -mkdir hdfs://host1:port1/user/hadoop/dir hdfs://host2:port2/
user/hadoop/dir
```

返回值：成功返回 0，失败返回-1。

⑯ movefromLocal

使用方法：dfs –moveFromLocal <src> <dst>

含义：输出一个"not implemented"信息。

⑰ mv

使用方法：hadoop fs –mv URI [URI …] <dest>

含义：将文件从源路径移动到目标路径。这个命令允许有多个源路径，此时目标路径必须是一个目录。不允许在不同的文件系统间移动文件。

示例如下：

```
hadoop fs -mv /user/hadoop/file1 /user/hadoop/file2
hadoop fs -mv hdfs://host:port/file1 hdfs://host:port/file2 hdfs://host:
port/file3 hdfs://host:port/dir1
```

返回值：成功返回 0，失败返回-1。

⑱ put

使用方法：hadoop fs -put <localsrc> … <dst>

含义：从本地文件系统中复制单个或多个源路径到目标文件系统。也支持从标准输入中读取输入写入目标文件系统。

示例如下：

```
hadoop fs -put localfile /user/hadoop/hadoopfile
hadoop fs -put localfile1 localfile2 /user/hadoop/hadoopdir
hadoop fs -put localfile hdfs://host:port/hadoop/hadoopfile
hadoop fs -put - hdfs://host:port/hadoop/hadoopfile
```

返回值：成功返回 0，失败返回-1。

⑲ rm

使用方法：hadoop fs -rm URI [URI …]

含义：删除指定的文件。只删除非空目录和文件，请参考 rmr 命令了解递归删除。

示例如下：

```
hadoop fs -rm hdfs://host:port/file /user/hadoop/emptydir
```

返回值：成功返回 0，失败返回-1。

⑳ rmr

使用方法：hadoop fs -rmr URI [URI …]

含义：delete 的递归版本。

示例如下：

```
hadoop fs -rmr /user/hadoop/dir
hadoop fs -rmr hdfs://host:port/user/hadoop/dir
```

返回值：成功返回 0，失败返回-1。

㉑ setrep

使用方法：hadoop fs -setrep [-R] <path>

含义：改变一个文件的副本系数。-R 选项用于递归改变目录下所有文件的副本系数。

示例如下：

```
hadoop fs -setrep -w 3 -R /user/hadoop/dir1
```

返回值：成功返回 0，失败返回-1。

㉒ stat

使用方法：hadoop fs –stat URI [URI …]

含义：返回指定路径的统计信息。

示例如下：

```
hadoop fs -stat path
```

返回值：成功返回 0，失败返回-1。

㉓ tail

使用方法：hadoop fs –tail [–f] URI

含义：将文件尾部 1KB 的内容输出到 stdout。支持–f 选项，作用和 UNIX 中的一致。

示例如下：

```
hadoop fs -tail pathname
```

返回值：成功返回 0，失败返回-1。

㉔ test

使用方法：hadoop fs –test –[ezd] URI

选项：

-e 检查文件是否存在，如果存在则返回 0。

-z 检查文件是否是 0B，如果是则返回 0。

-d 如果路径是个目录，则返回 1，否则返回 0。

示例如下：

```
hadoop fs -test -e filename
```

㉕ text

使用方法：hadoop fs –text <src>

含义：将源文件输出为文本格式。允许的格式是 zip 和 TextRecordInputStream。

㉖ touchz

使用方法：hadoop fs –touchz URI [URI …]

含义：创建一个 0B 的空文件。

示例如下：

```
hadoop -touchz pathname
```

返回值：成功返回 0，失败返回-1。

3.16 Hadoop 节点扩容

随着公司业务不断发展，数据量也越来越大，此时需要对 Hadoop 集群规模进行扩容，在现有 Hadoop 3 台集群的基础上动态增加 node4 节点上的 DataNode 与 NodeManager。操作方法和步骤如下。

3.16.1 hosts 及防火墙设置

扩容 node4 节点时，需要对 node1、node2、node3、node4 节点进行添加 hosts、同步时间、关闭防火墙、SELinux、修改主机名等操作，操作命令如下：

```
cat >/etc/hosts<<EOF
127.0.0.1  localhost localhost.localdomain
192.168.1.145 node1
192.168.1.146 node2
192.168.1.147 node3
192.168.1.148 node4
EOF
sed -i '/SELINUX/s/enforcing/disabled/g'  /etc/sysconfig/selinux
setenforce  0
systemctl  stop    firewalld.service
systemctl  disable  firewalld.service
yum install ntpdate rsync lrzsz -y
ntpdate  pool.ntp.org
hostname 'cat /etc/hosts|grep $(ifconfig|grep broadcast|awk '{print $2}')
|awk '{print $2}'';su
```

3.16.2 配置节点免密钥登录

node1 节点作为 Master 控制节点，执行以下命令创建公钥和私钥，然后将公钥复制至其余节点。

```
ssh-copy-id -i /root/.ssh/id_rsa.pub root@node4
```

3.16.3 配置节点 Java 环境

```
#解压 JDK 软件包
tar  -xvzf  jdk1.8.0_131.tar.gz
#创建 JDK 部署目录
mkdir -p  /usr/java/
\mv jdk1.8.0_131 /usr/java/
#设置环境变量
cat>>/etc/profile<<EOF
export JAVA_HOME=/usr/java/jdk1.8.0_131/
export HADOOP_HOME=/data/hadoop/
export JAVA_LIBRARY_PATH=/data/hadoop/lib/native/
export PATH=\$PATH:\$HADOOP_HOME/bin/:\$JAVA_HOME/bin
EOF
#使其环境变量生效
source /etc/profile
java -version
```

3.16.4 Hadoop 服务部署

将 node1 部署完成的 Hadoop 所有文件、目录同步至 node2 和 node3 节点，操作命令如下：

```
for i in node4;do ssh -l root $i -a "mkdir -p /data/hadoop/" ;done
for i in node4;do rsync -aP --delete /data/hadoop/ root@$i:/data/
hadoop/ ;done
for i in node4;do ssh -l root $i -a "rm -rf /data/hadoop/data* ";done
```

3.16.5 添加 Hadoop 新节点

（1）动态添加 DataNode 和 NodeManager 节点，查看现有 HDFS 各节点状态，操作命令如下，如图 3-13 所示。

```
hdfs dfsadmin -report
```

可以看到添加 DataNode 节点之前，DataNode 节点总共有 3 个，分别在 node1、node2 和 node3 服务器上。

（2）查看 YARN 各节点状态，操作命令如下：

```
yarn node -list
```

添加 NodeManager 之前，NodeManager 进程运行在 node1、node2 和 node3 服务器上。

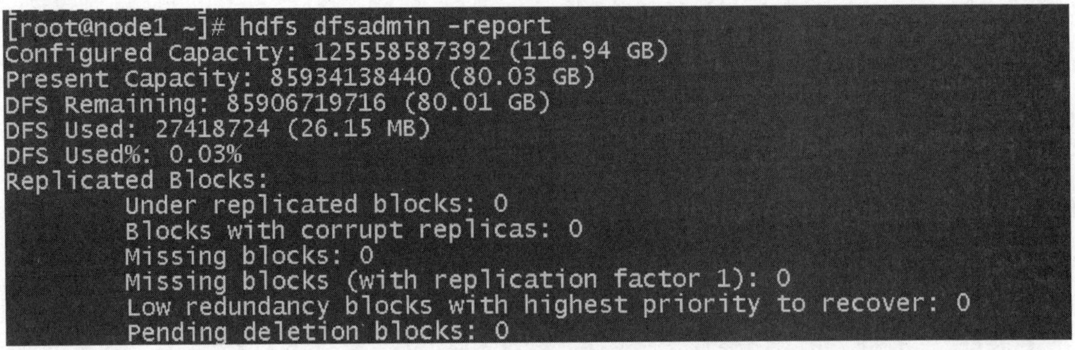

```
[root@node1 ~]# hdfs dfsadmin -report
Configured Capacity: 125558587392 (116.94 GB)
Present Capacity: 85934138440 (80.03 GB)
DFS Remaining: 85906719716 (80.01 GB)
DFS Used: 27418724 (26.15 MB)
DFS Used%: 0.03%
Replicated Blocks:
        Under replicated blocks: 0
        Blocks with corrupt replicas: 0
        Missing blocks: 0
        Missing blocks (with replication factor 1): 0
        Low redundancy blocks with highest priority to recover: 0
        Pending deletion blocks: 0
```

图 3-13 Hadoop HDFS 查看报告信息

（3）添加 DataNode 和 NodeManager 节点，在所有服务器的 Hadoop workers 文件中添加 node4 节点，操作命令如下，结果如图 3-14 所示。

```
echo node4 >>/data/hadoop/etc/hadoop/workers ;cat /data/hadoop/etc/hadoop/
workers
```

```
[root@node1 ~]# ls /data/hadoop/etc/hadoop/workers
/data/hadoop/etc/hadoop/workers
[root@node1 ~]# cat /data/hadoop/etc/hadoop/workers
node1
node2
node3
[root@node1 ~]# echo node4 >>/data/hadoop/etc/hadoop/workers ;cat /data/ha
node1
node2
node3
node4
[root@node1 ~]#
[root@node1 ~]#
[root@node1 ~]#
```

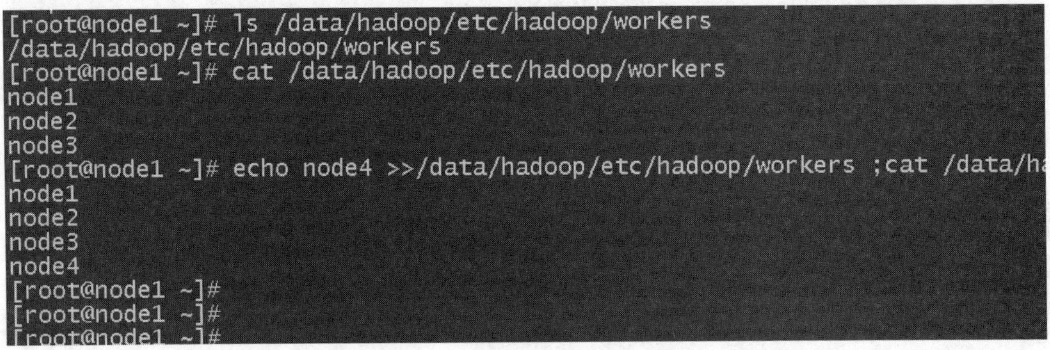

图 3-14 Hadoop 新增节点实战

（4）在 node4 新增节点服务器上启动 DataNode 和 NodeManager 服务，操作命令如下，如图 3-15 所示。

```
hdfs --daemon start datanode
yarn --daemon start nodemanager
```

（5）在 node1 服务器上执行以下命令，刷新 Hadoop 集群节点，操作命令如下：

```
hdfs dfsadmin -refreshNodes
/data/hadoop/sbin/start-balancer.sh
```

（6）再次查看集群的状态，查看 HDFS 各节点状态，操作命令如下：

```
hdfs dfsadmin -report
```

```
[root@node4 ~]# ps -ef|grep hadoop
root     13947     1  5 11:47 pts/0    00:00:09 /usr/java/jdk1.8.0_131//bin/jav
adoop.security.logger=ERROR,RFAS -Dyarn.log.dir=/data/hadoop//logs -Dyarn.log.f
ata/hadoop/ -Dyarn.root.logger=INFO,console -Djava.library.path=/data/hadoop/li
data/hadoop//logs -Dhadoop.log.file=hadoop-root-datanode-node4.log -Dhadoop.hom
t.logger=INFO,RFA -Dhadoop.policy.file=hadoop-policy.xml org.apache.hadoop.hdfs
root     14046     1  6 11:47 pts/0    00:00:11 /usr/java/jdk1.8.0_131//bin/jav
-Dyarn.log.dir=/data/hadoop//logs -Dyarn.log.file=hadoop-root-nodemanager-node4
=INFO,console -Djava.library.path=/data/hadoop/lib/native/:/data/hadoop//lib/na
.file=hadoop-root-nodemanager-node4.log -Dhadoop.home.dir=/data/hadoop/ -Dhadoo
policy.file=hadoop-policy.xml -Dhadoop.security.logger=INFO,NullAppender org.ap
root     14160 13772  0 11:50 pts/0    00:00:00 grep --color=auto hadoop
[root@node4 ~]# jps
14161 Jps
13947 DataNode
14046 NodeManager
```

图 3-15　启动 DataNode 和 NodeManager 服务

可以看到，添加 DataNode 节点后，输出的结果中存在 node4 服务器上的 DataNode 节点，说明 DataNode 节点添加成功，如图 3-16 所示。

```
Name: 192.168.1.148:9866 (node4)
Hostname: node4
Decommission Status : Normal
Configured Capacity: 41852862464 (38.98 GB)
DFS Used: 8192 (8 KB)
Non DFS Used: 14248042496 (13.27 GB)
DFS Remaining: 27604811776 (25.71 GB)
DFS Used%: 0.00%
DFS Remaining%: 65.96%
Configured Cache Capacity: 0 (0 B)
Cache Used: 0 (0 B)
Cache Remaining: 0 (0 B)
Cache Used%: 100.00%
Cache Remaining%: 0.00%
```

图 3-16　添加 node4 节点后的输出结果

3.16.6　删除 Hadoop 节点

随着公司业务的不断发展，Hadoop 服务器使用年限增长，难免要淘汰一些服务器，此时需要对 Hadoop 集群规模进行缩容，在现有 Hadoop 集群（4 台）的基础上动态删除 node4 服务器上的 DataNode 与 NodeManager 节点。操作方法和步骤如下。

（1）要想删除 node4 上 DataNode 与 NodeManager 节点，需要先停止 DataNode 和 NodeManager 进程，操作命令如下，结果如图 3-17 所示。

```
hdfs --daemon stop datanode
yarn --daemon stop nodemanager
```

```
ps -ef|grep hadoop|grep -v grep|awk '{print $2}'|xargs kill -9
```

```
[root@node4 ~]# hdfs --daemon stop datanode
[root@node4 ~]# yarn --daemon stop nodemanager
WARNING: nodemanager did not stop gracefully after 5 seconds: Trying to kill with kil
[root@node4 ~]#
[root@node4 ~]# ps -ef|grep hadoop|grep -v grep|awk '{print $2}'|xargs kill -9

Usage:
 kill [options] <pid|name> [...]

Options:
 -a, --all              do not restrict the name-to-pid conversion to processes
                        with the same uid as the present process
 -s, --signal <sig>     send specified signal
 -q, --queue <sig>      use sigqueue(2) rather than kill(2)
```

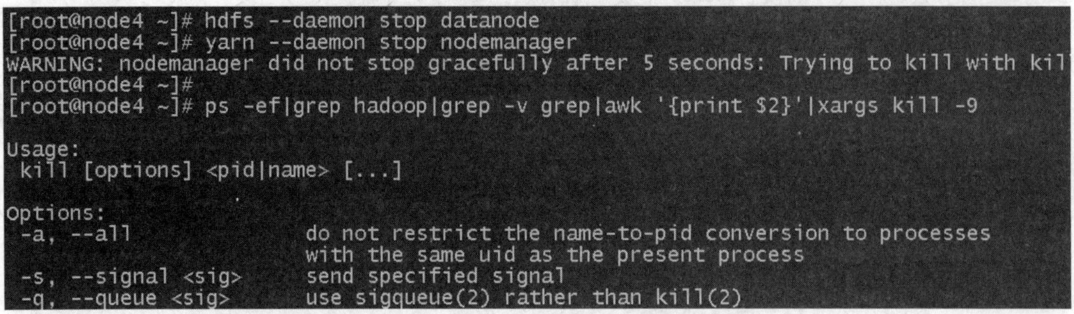

图 3-17 停止 DataNode 和 NodeManager 进程

（2）删除每台服务器上 Hadoop 的 workers 文件中的 node4，删除后的文件内容如下，如图 3-18 所示。

```
sed -i '/^node4$/d' /data/hadoop/etc/hadoop/workers ;cat /data/hadoop/etc/
hadoop/workers
```

```
=INFO,console -Djava.library.path=/data/hadoop/lib/native/:/data/hadoop//li
.file=hadoop-root-nodemanager-node4.log -Dhadoop.home.dir=/data/hadoop/ -Dh
policy.file=hadoop-policy.xml -Dhadoop.security.logger=INFO,NullAppender or
root     14160 13772  0 11:50 pts/0    00:00:00 grep --color=auto hadoop
[root@node4 ~]# jps
14161 Jps
13947 DataNode
14046 NodeManager
[root@node4 ~]# sed -i '/^node4$/d' /data/hadoop/etc/hadoop/workers ;cat /d
node1
node2
node3
[root@node4 ~]#
```

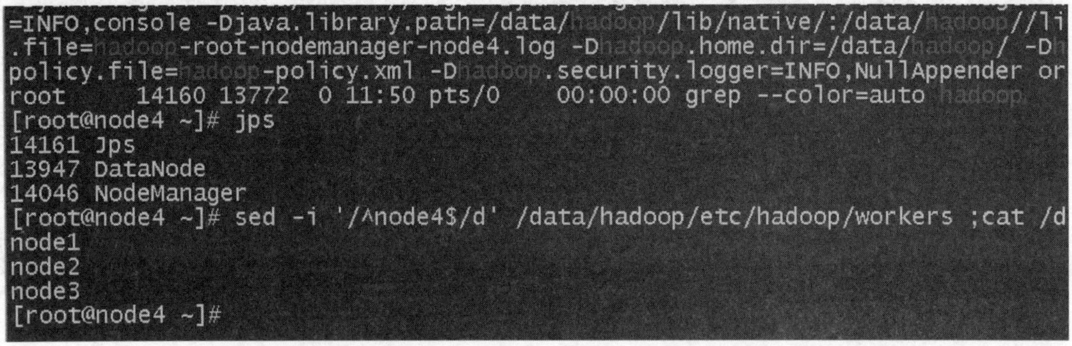

图 3-18 删除 workers 文件中的 node4

（3）在 node1 服务器上执行以下命令，刷新 Hadoop 集群节点。

```
hdfs dfsadmin -refreshNodes/data/hadoop/sbin/start-balancer.sh
```

（4）查看 HDFS 各节点状态，操作命令如下：

```
hdfs dfsadmin -report
```

在输出的信息中没有 node4 服务器上的 DataNode 节点，说明 node4 服务器上的 DataNode 节点删除成功。

（5）查看 YARN 各节点状态，操作命令如下：

```
yarn node -list
```

在输出的信息中没有 node4 服务器上的 NodeManager 节点，说明 node4 服务器上的 NodeManager 节点删除成功。

还可以动态删除 DataNode 节点与 NodeManager 节点，这种方式不需要删除 workers 文件中现有的 node4 配置。

（1）在 node1 节点上修改 hdfs-site.xml 文件，适当减小 dfs.replication 副本数，增加 dfs.hosts.exclude 配置如下：

```
<property>
    <name>dfs.hosts.exclude</name>
<value>/data/hadoop/etc/hadoop/excludes</value>
</property>
```

（2）在 node1 服务器上的/data/hadoop/etc/hadoop/目录下创建 excludes 文件，将要删除的 node4 服务器节点的主机名或 IP 地址配置到这个文件中，具体如下：

```
vim /data/hadoop/etc/hadoop/excludes
node4
```

（3）刷新节点，在 node1 服务器上执行以下命令，刷新 Hadoop 集群节点。

```
hdfs dfsadmin -refreshNodes
/data/hadoop/sbin/start-balancer.sh
```

这种方式也可以实现动态删除 DataNode 和 NodeManager 节点，如图 3-19 所示。

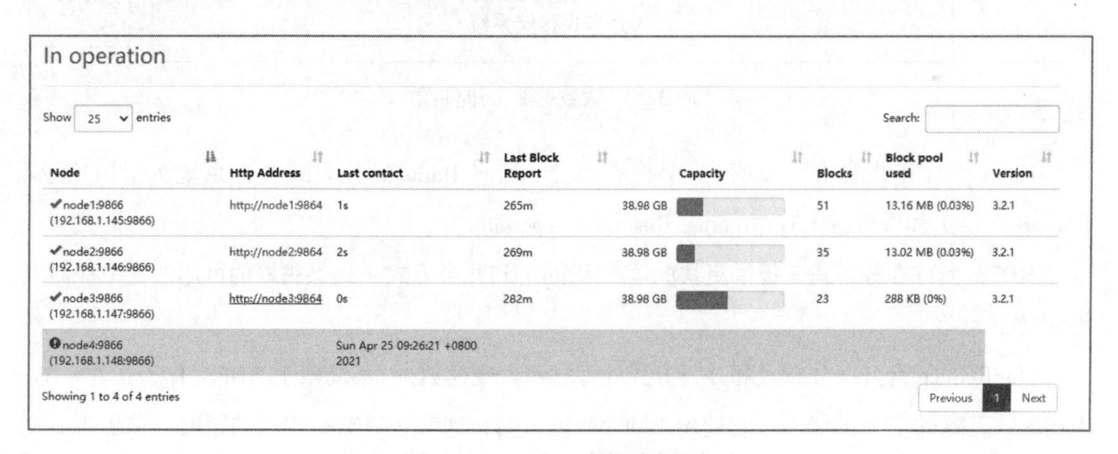

图 3-19　Hadoop 动态删除节点

3.17 HBase 概念剖析

HBase 是 Hadoop Database 的简称，本质上来说就是 Hadoop 系统的数据库，为 Hadoop 框架中的结构化数据提供存储服务，是面向列的分布式数据库。HBase 与 HDFS 不同，HDFS 是分布式文件系统，管理的是存放在多个硬盘上的数据文件，而 HBase 管理的是类似于 Key-Value 映射的表，如图 3-20 所示。

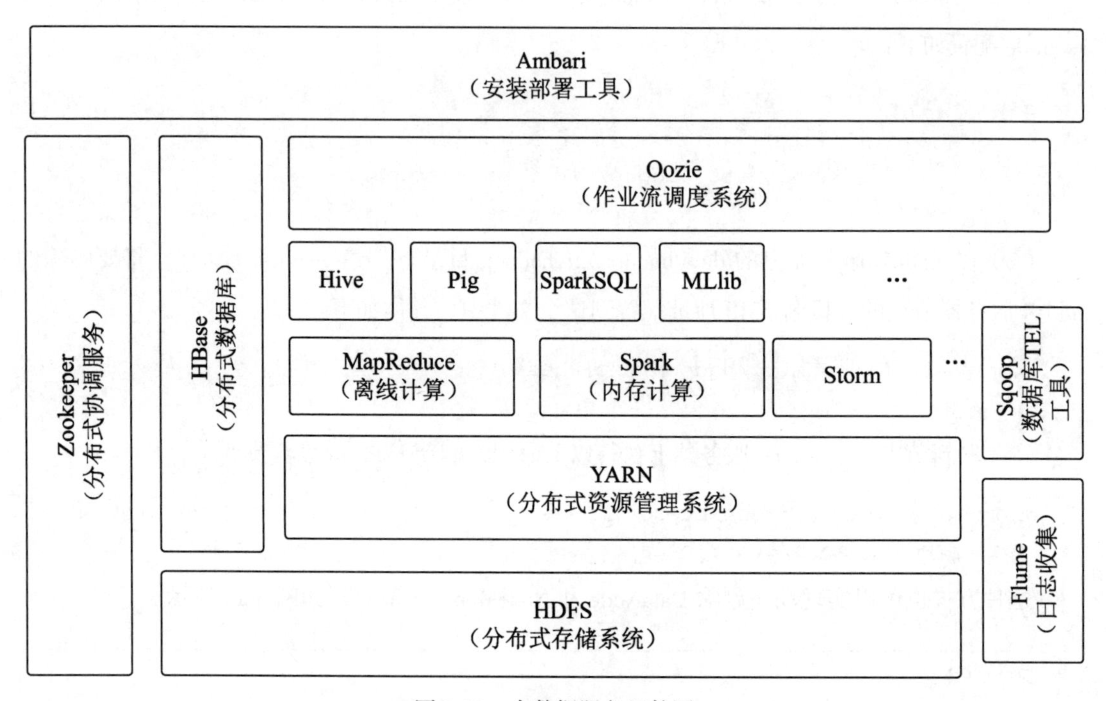

图 3-20 大数据服务组件图

Hadoop 分布式集群主要有 3 个核心部分：FS（Hadoop 分布式文件系统）、计算框架（MapReduce）和管理桥（Yet Another Resource Negotiator）。

HDFS 允许在分布式（提供更快的读/写访问）和冗余方式（提供更好的可用性）中存储大量数据。

MapReduce 允许以分布式和并行方式处理这些大规模数据，不局限于 HDFS。作为文件系统，HDFS 缺乏随机读/写的能力，它适用于顺序数据访问，这就是 HBase 出现的原因。它是 NoSQL 数据库，在 Hadoop 集群上运行，并为开发人员提供对数据的随机实时读/写访问。

开发人员可以将结构化和非结构化数据分别存储在 Hadoop 和 HBase 中，它们都提供了多种访问数据的机制，如 Shell 和其他 API。HBase 以列的形式将数据存储为 Key-Value 对，HDFS 则将数据存储为二维表。

HBase 底层仍然依赖 HDFS 作为其物理存储，还需要 Zookeeper 协助提供部分配置服务，包括维护元数据和命名空间等。

传统的关系型数据库中，数据按照行进行存储，在进行查询时，需要使用大量的 I/O，数据库必须快速扩展才能满足性能要求。但当面对大规模数据处理任务时，计算性能会受到极大的影响，完全不能满足大数据处理的需求。

而 HBase 的数据存储，数据是按列存储的，查询时只访问所涉及的列，大量降低系统 I/O，数据类型一致，可以高效压缩存储。

HBase 中有个概念 Column Family，简称 CF，一般用于将相关的列组合起来。上述例子中，“姓”和“名”组合成为 info，组合的形式是类似于字典的 Key-Value 形式。在物理上，HBase 其实是按 CF 存储的，只是按照 Row-key 将相关 CF 中的列关联起来。

总体来说，HBase 对数据的存储方式和数据结构进行的修改和规整，使其更加善于去处理大数据的场景，因此在 Hadoop MapReduce 运行计算时能够提供更好的底层支持。

当然，HBase 并非完美，限于这样的数据结构和存储方式，HBase 只能做简单的 Key-value 查询，不支持复杂的统计 SQL。

相信看完以上的内容，关于 Hadoop 和 HBase 的关系，大家都能基本了解了。Hadoop 框架基于分布式文件系统 HDFS 和分布式数据库 HBase，保证了稳定可靠的底层支持，为后续的数据处理提供了保障。

Hadoop 与 HBase 的一些显著特征如下。

1. Hadoop

（1）对大型文件的流式访问方面进行了优化。

（2）遵循一次性写-读的意识形态。

（3）不支持随机读/写。

2. HBase

（1）以列的方式将数据存储为 Key-Value 对（列作为列族聚集在一起）。

（2）对大型数据集中的少量数据访问会延迟。

（3）提供灵活的数据模型。

Hadoop 最适合批量处理离线数据，而 HBase 适合处理实时数据流。

3.18 HBase 应用场景

HBase 解决不了所有的问题，但是对于具有某些特点的数据可以使用 HBase 高效处理，如以下的应用场景。

（1）数据模式是动态的或者可变的，且支持半结构化和非结构化的数据。

（2）数据库中的很多列都包含了较多空字段，在 HBase 中，空字段不会像在关系型数据库中一样占用空间。

（3）需要很高的吞吐量，瞬间写入量很大。

（4）数据要维护很多版本，可以使用 HBase，HBase 利用时间戳来区分不同版本的数据。

（5）具有高可扩展性，能动态地扩展整个存储系统。

在实际应用中，有很多公司使用 HBase，如 Facebook 公司的 Social Inbox 系统使用 HBase 作为消息服务的基础存储设施，每月可处理几千亿条消息；Yahoo 公司使用 HBase 存储检查近似重复的指纹信息的文档，它的集群中分别运行着 Hadoop 和 HBase，表中存了上百万行数据；Adobe 公司使用 Hadoop+HBase 的生产集群，将数据直接持续地存储在 HBase 中，并将 HBase 作为数据源进行 MapReduce 的作业处理；Apache 公司使用 HBase 来维护 Wiki 的相关信息。

下面通过几个案例来介绍 HBase 的实际应用。

3.18.1 搜索引擎应用

HBase 是 Google Bigtable 的开源实现，而 Google 公司开发 Bigtable 是为了它的搜索引擎应用。Google 等搜索引擎是基于索引来完成快速搜索服务的，该索引提供了特定词语，包含该词语的所有文档的映射。

搜索引擎的文档库是整个互联网，搜索的特定词语就是用户搜索框里输入的任何信息，Bigtable 和开源的 HBase 为这种文档库提供存储功能并按行访问。下面简单地分析 HBase 在搜索引擎中的应用逻辑。

首先，网络爬虫持续不断地从网络上抓取新页面，并将页面内容存储到 HBase 中，爬虫可以更新 HBase 中的数据表；然后，用户可以利用 MapReduce 在整张表上计算并生成索引，为网络搜索做准备；接着，用户发起搜索请求；最后，搜索引擎查询建立好的索引列表，获取文档索引后，再从 HBase 中获取所需的文档内容，最后将搜索结果呈现给用户。

3.18.2 捕获增量数据

数据通常是动态增加的，随着时间的推移，数据量会越来越大，如网站的日志、邮箱的邮件等。通常通过采集工具捕获来自各种数据源的增量数据，再使用 HBase 进行存储。

例如，这种采集工具可能是网页爬虫，采集的数据源可能是记录用户点击的广告信息、驻留的时间长度及对应的广告效果数据，也可能是记录服务器运行的各种参数数据。

下面介绍一些与该使用场景有关的成功案例。

3.18.3 存储监控参数

大型的、基于 Web 的产品后台一般都拥有成百上千台服务器，这些服务器不仅需要为前端的大量用户提供服务，还需要实现日志采集、数据存储、数据处理等功能。

为了保证产品的正常运行，监控服务器和服务器上运行的软件的健康状态是至关重要的。大规模监控整个环境需要能够采集和存储来自不同数据源的各种参数的监控系统。OpenTSDB（Open Time Series Database，开放时间序列数据库）正是这种监控系统，它可以从大规模集群中获取相应的参数并进行存储、索引和服务。

OpenTSDB 框架使用 HBase 作为核心平台来存储和检索所收集的参数，可以灵活地支持增加参数，也可以支持采集上万台机器和上亿个数据点，具有高可扩展性。

OpenTSDB 作为数据收集和监控系统，一方面能够存储和检索参数数据并将其保存很长时间，另一方面如果增加功能也可以添加各种新参数。最终使用 OpenSTDB 对 HBase 中存储的数据进行分析，并以图形化方式展示集群中的网络设备、操作系统及应用程序的状态。

3.18.4 存储用户交互数据

基于 Web 的应用还有一种很重要的数据，即用户交互数据。这一类数据包含了用户访问网站的行为习惯。通过分析用户交互数据，就可以获取用户在网站上的活动信息。例如，用户看了什么？某个按钮被用户单击了多少次？用户最近搜索了什么？从这些信息就可以了解用户的需求，从而针对不同的用户提供不同的应用。

例如，Facebook 里的 Like 按钮，每次用户单击该按钮“喜欢”一个特定主题，计数器就增加一次。Facebook 使用 HBase 的计数器来计量人们喜欢特定网页的次数。内容原创人或网页主人可以得到近乎实时的用户喜欢他们网页的数据。他们可以据此更敏捷地判断应该提供什么内容。

Facebook 为此创建了一个名为 Facebook Insight 的系统，该系统需要一个可扩展的存储系统。公司考虑了很多种可能，包括关系型数据库、内存数据库和 Cassandra 数据库，最后决定使用 HBase。基于 HBase，Facebook 可以很方便地横向扩展服务规模，提供给数百万用户，也可以继续使用他们已有的运行大规模 HBase 机群的经验。该系统每天处理数百亿条事件，记录数百个参数。

3.18.5 存储遥测数据

软件在运行时经常会出现异常，这时大部分软件都会生成一个软件崩溃报告，该报告会返回给软件开发者，便于软件开发者评测软件质量，以及规划软件开发路线图。

例如，FireFox 网络浏览器是 Mozilla 基金会旗下的产品，支持各种操作系统，全世界数百万台计算机上都有它的身影。当 FireFox 浏览器崩溃时，会返回一个软件崩溃报告给 Mozilla。

Mozilla 使用一个叫作 Socorro 的系统收集这些报告，用来指导研发部门研制更稳定的产品。Socorro 系统的数据存储和分析构建在 HBase 上，采用 HBase 使得基本分析可以用到比以前多得多的数据。用这些分析数据指导 Mozilla 的开发人员，使其更有针对性地研制出 Bug 更少的版本。

趋势科技（TrendMicro）为企业客户提供互联网安全解决方案，来应对网络上千变万化的安全威胁。安全的重要环节是感知，日志的收集和分析对于这种感知能力是至关重要的。

趋势科技使用 HBase 来收集和分析日志活动，每天可收集数十亿条记录。HBase 中灵活的模式支持可变的数据结构，当分析流程重新调整时，可以增加新属性。

3.18.6 广告效果和点击流

在线广告是互联网产品的一项主要收入来源。互联网企业给用户提供免费服务，在用户使用服务时投放广告给目标用户。这种精准投放需要针对用户的交互数据做详细的捕获和分析，以理解用户的特征；再基于这种特征，选择并投放广告。企业可使用精细的用户交互数据建立更优的模型，进而获得更好的广告投放效果和更多的收入。

但这类数据以连续流的形式出现，很容易按用户划分。在理想情况下，这种数据一旦产生就能够马上使用。

HBase 非常适合收集这种用户交互数据，并已经成功地应用在相关领域。它可以增量捕获第一手点击流和用户交互数据，然后用不同处理方式来处理数据，电商和广告监控行业都已经非常熟练地使用此类技术。

例如，淘宝的实时个性化推荐服务将中间推荐结果存储在 HBase 中，与广告相关的用户建模数据也存储在 HBase 中，用户模型多种多样，可以用于多种不同场景。例如，针对特定用户投放什么广告，用户在电商门户网站上购物时是否实时报价等。

HBase 已成熟地应用于国内外的很多大型公司，总之，HBase 适合用来存储各种类型的大规模数据，既支持实时的在线查询，也支持离线的应用服务。但对于需要连接和其他一些关系型数据特性要求时，HBase 就不适用了，因此，还是要根据应用场景选择是否用 HBase，发挥 HBase 的优势。

3.19　HBase 分布式集群实战

（1）下载 HBase 软件并配置，操作命令如下：

```
wget -c http://archive.apache.org/dist/hbase/2.2.4/hbase-2.2.4-bin.tar.gz
tar -xzf hbase-2.2.4-bin.tar.gz
mkdir -p /data/\mv hbase-2.2.4 /data/hbase/
useradd hadoop
chown -R hadoop:hadoop /data/hbase/
```

（2）在 Hadoop 配置的基础上，配置环境变量 HBASE_HOME，编辑 vim /etc/profile 文件，在末尾加入以下代码：

```
export HBASE_HOME=/data/hbase/
export  PATH=$PATH:$HBASE_HOME/bin
```

（3）执行 vi /data/hbase/conf/hbase-env.sh 操作命令，在配置文件中加入以下代码：

```
export JAVA_HOME=/usr/java/jdk1.8.0_131/
```

（4）执行 vi /data/hbase/conf/hbase-site.xml 操作命令，在配置文件中修改，代码如下：

```
<configuration>
        <property>
               <name>hbase.rootdir</name>
               <value>hdfs://node1:9000/hbase</value>
        </property>
        <property>
```

```
            <name>hbase.cluster.distributed</name>
            <value>true</value>
        </property>
        <property>
            <name>hbase.master.port</name>
            <value>60000</value>
        </property>
        <property>
            <name>hbase.zookeeper.quorum</name>
            <value>node1:2181,node2:2181,node3:2181</value>
        </property>
        <property>
            <name>hbase.zookeeper.property.dataDir</name>
         <value>/usr/local/zookeeper/data</value>
        </property>
        <property>
            <name>hbase.unsafe.stream.capability.enforce</name>
        <value>false</value>
        </property>
</configuration>
```

（5）配置 Regionservers 文件，执行 vi /data/hbase/conf/regionservers 操作命令，去掉默认的 localhost，加入以下代码：

```
node1
node2
node3
```

（6）将 node1 部署完成的 HBase 所有文件、目录同步至 node2 和 node3 节点，操作命令如下：

```
for i in 'seq 2 3';do rsync -av /data/hbase root@node$i:/data/ ;done
```

3.20 HBase 集群测试及故障排错

（1）启动与停止 HBase 服务，操作命令如下，结果如图 3-21 所示。

```
/data/hbase/bin/start-hbase.sh
```

如果 Master 上出现 HMaster、HQuormPeer，Slave 上出现 HRegionServer、HQuorumPeer，则表示启动成功。

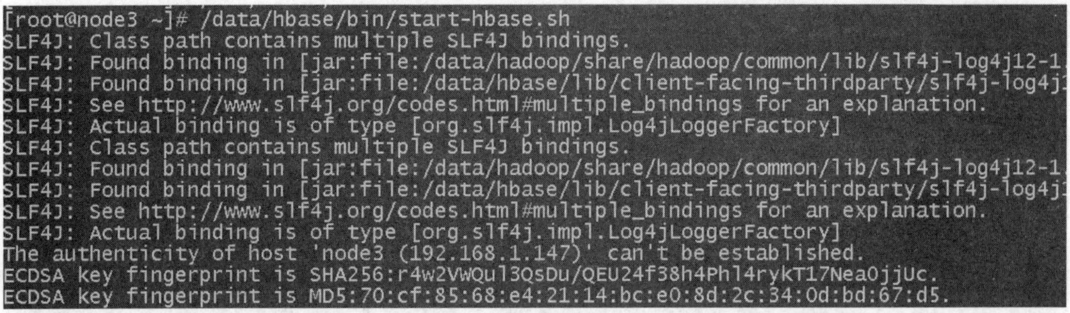

```
[root@node3 ~]# /data/hbase/bin/start-hbase.sh
SLF4J: Class path contains multiple SLF4J bindings.
SLF4J: Found binding in [jar:file:/data/hadoop/share/hadoop/common/lib/slf4j-log4j12-1.
SLF4J: Found binding in [jar:file:/data/hbase/lib/client-facing-thirdparty/slf4j-log4j
SLF4J: See http://www.slf4j.org/codes.html#multiple_bindings for an explanation.
SLF4J: Actual binding is of type [org.slf4j.impl.Log4jLoggerFactory]
SLF4J: Class path contains multiple SLF4J bindings.
SLF4J: Found binding in [jar:file:/data/hadoop/share/hadoop/common/lib/slf4j-log4j12-1.
SLF4J: Found binding in [jar:file:/data/hbase/lib/client-facing-thirdparty/slf4j-log4j
SLF4J: See http://www.slf4j.org/codes.html#multiple_bindings for an explanation.
SLF4J: Actual binding is of type [org.slf4j.impl.Log4jLoggerFactory]
The authenticity of host 'node3 (192.168.1.147)' can't be established.
ECDSA key fingerprint is SHA256:r4w2VWQul3QsDu/QEU24f38h4Phl4rykT17Nea0jjUc.
ECDSA key fingerprint is MD5:70:cf:85:68:e4:21:14:bc:e0:8d:2c:34:0d:bd:67:d5.
```

图 3-21　启动 HBase 服务

HBase 有内置的 Zookeeper，如果没有安装 Zookeeper，当启动 HBase 时会有一个 HQuorumPeer 进程。

如果用外置的 Zookeeper 管理 HBase，则先启动 Zookeeper，然后启动 HBase，启动后会有一个 QuorumPeerMain 进程。HQuorumPeer 表示使用的是 HBase 管理的 Zookeeper。QuorumPeerMain 表示使用的是 Zookeeper 独立的进程，二选一即可，结果如图 3-22 所示。

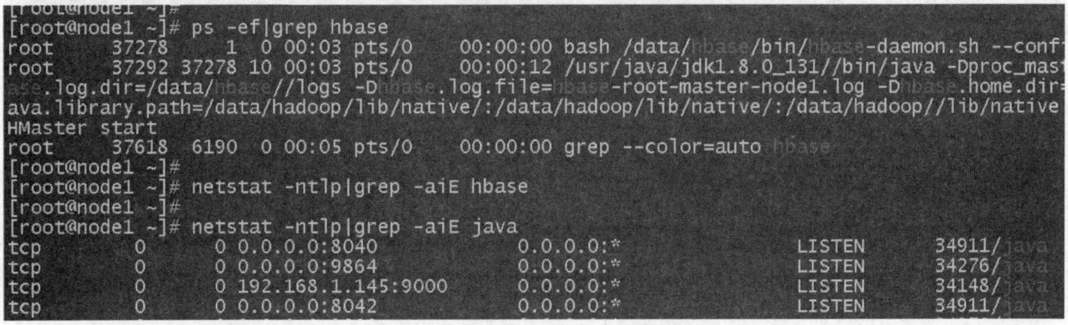

```
[root@node1 ~]#
[root@node1 ~]# ps -ef|grep hbase
root     37278     1  0 00:03 pts/0    00:00:00 bash /data/hbase/bin/hbase-daemon.sh --conf
root     37292 37278 10 00:03 pts/0    00:00:12 /usr/java/jdk1.8.0_131//bin/java -Dproc_mast
ase.log.dir=/data/hbase//logs -Dhbase.log.file=hbase-root-master-node1.log -Dhbase.home.dir=
ava.library.path=/data/hadoop/lib/native/:/data/hadoop/lib/native/:/data/hadoop//lib/native
HMaster start
root     37618  6190  0 00:05 pts/0    00:00:00 grep --color=auto hbase
[root@node1 ~]#
[root@node1 ~]# netstat -ntlp|grep -aiE hbase
[root@node1 ~]#
[root@node1 ~]# netstat -ntlp|grep -aiE java
tcp        0      0 0.0.0.0:8040            0.0.0.0:*               LISTEN      34911/java
tcp        0      0 0.0.0.0:9864            0.0.0.0:*               LISTEN      34276/java
tcp        0      0 192.168.1.145:9000      0.0.0.0:*               LISTEN      34148/java
tcp        0      0 0.0.0.0:8042            0.0.0.0:*               LISTEN      34911/java
```

图 3-22　HBase 服务实战操作

（2）执行 hbase shell 命令进入 hbase 命令模式，执行 status 命令输出结果是 1 台 master 服务器和 2 台 servers 服务器全部成功启动。

```
/data/hbase/bin/hbase shell
```

（3）当执行 status 命令，出现图 3-23 所示的报错信息时，说明 Hadoop 的安全模式打开了，再重新启动 HBase 即可。操作代码如下，结果如图 3-24 所示。

```
hdfs dfsadmin -safemode leave
```

（4）当要停止 HBase 时执行 stop-hbase.sh 命令。

```
/data/hbase/bin/stop-hbase.sh
```

```
Took 0.0005 seconds
hbase(main):002:0> status

ERROR: org.apache.hadoop.hbase.ipc.ServerNotRunningYetException: Server is not running ye
        at org.apache.hadoop.hbase.master.HMaster.checkServiceStarted(HMaster.java:2924)
        at org.apache.hadoop.hbase.master.MasterRpcServices.isMasterRunning(MasterRpcServ
        at org.apache.hadoop.hbase.shaded.protobuf.generated.MasterProtos$MasterService$2
        at org.apache.hadoop.hbase.ipc.RpcServer.call(RpcServer.java:393)
        at org.apache.hadoop.hbase.ipc.CallRunner.run(CallRunner.java:133)
        at org.apache.hadoop.hbase.ipc.RpcExecutor$Handler.run(RpcExecutor.java:338)
        at org.apache.hadoop.hbase.ipc.RpcExecutor$Handler.run(RpcExecutor.java:318)

For usage try 'help "status"'

Took 10.2834 seconds
```

图 3-23　HBase 服务实战操作

```
For Reference, please visit: http://hbase.apache.org/2.0/book.html#shell
Version 2.2.4, r67779d1a325a4f78a468af3339e73bf075888bac, 2020年 03月 11日 星期三 12:57:39
Took 0.0047 seconds
hbase(main):001:0> status
1 active master, 0 backup masters, 3 servers, 0 dead, 1.0000 average load
Took 0.8564 seconds
hbase(main):002:0>
hbase(main):003:0* version
2.2.4, r67779d1a325a4f78a468af3339e73bf075888bac, 2020年 03月 11日 星期三 12:57:39 CST
Took 0.0005 seconds
hbase(main):004:0>
hbase(main):005:0* list
TABLE
Student
1 row(s)
```

图 3-24　重新启动 HBase

（5）在浏览器访问 HBase Web 界面，URL 为 http://192.168.1.145:16010/master-status，访问结果如图 3-25 所示。

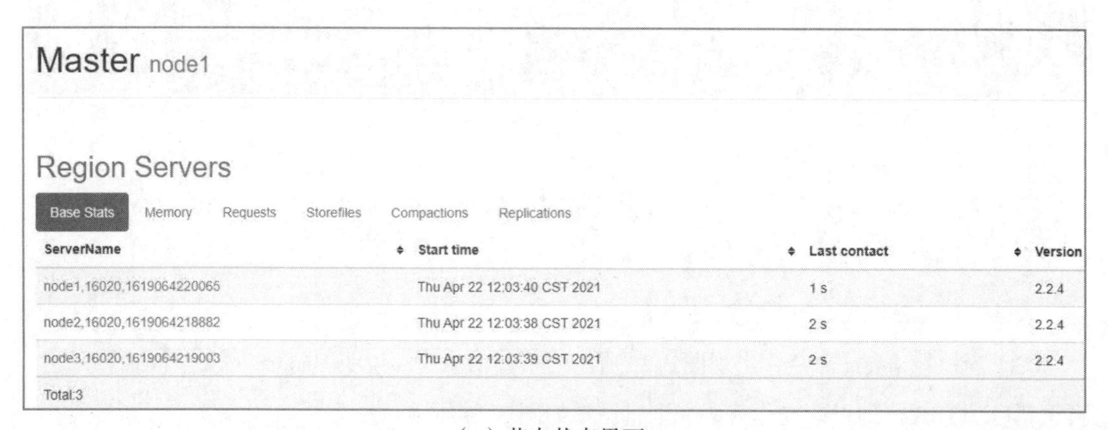

（a）节点状态界面

图 3-25　浏览器访问 HBase Web 界面

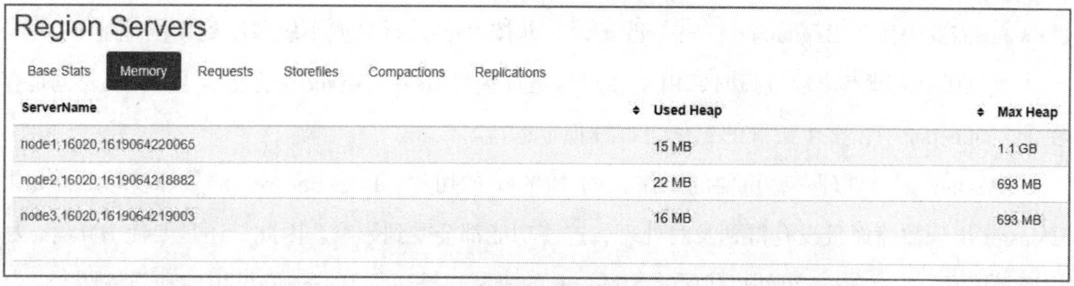

Region Servers

Base Stats　Memory　Requests　Storefiles　Compactions　Replications

ServerName	Used Heap	Max Heap
node1,16020,1619064220065	15 MB	1.1 GB
node2,16020,1619064218882	22 MB	693 MB
node3,16020,1619064219003	16 MB	693 MB

（b）节点内存界面

图 3-25　（续）

3.21　HMaster 及 RegionServer 剖析

HMaster 是 HBase 集群中的主服务器，负责监控集群中的所有 RegionServer，并且是所有元数据更改的接口。在分布式集群中，HMaster 服务器通常运行在 HDFS 的 NameNode 上。

HMaster 通过 Zookeeper 避免单点故障，在集群中可以启动多个 HMaster，但 Zookeeper 的选举机制能够保证同时只有一个 HMaster 处于 Active（活跃）状态，其他的 HMaster 处于热备份状态。

HMaster 主要负责表和 RegionServer 的管理工作，主要负责的工作内容如下。

（1）管理用户对表的增、删、改、查操作。

（2）管理 RegionServer 的负载均衡，调整 Region 的分布。

（3）负责 Region 的分配和移除。

（4）负责处理 RegionServer 的故障转移。

HMaster 提供了一些基于元数据方法的接口，便于用户与 HBase 进行交互，如表 3-1 所示。

表 3-1　HMaster提供的接口

相 关 接 口	功　能
HBase表	创建表、删除表、启用/失效表、修改表
HBase列表	添加列、修改列、移除列
HBase表Region	移动Region、分配和合并Region

当某台 RegionServer 出现故障时，总有一部分新写入的数据还没有持久化地存储到磁盘中，因此当迁移该 RegionServer 的服务时，需要从修改记录中恢复这部分还在内存中的数据，

HMaster 需要遍历该 RegionServer 的修改记录，并按 Region 拆分成小块移动到新的地址下。

当 HMaster 节点出现故障时，由于客户端是直接与 RegionServer 交互的，且 Meta 表也是存在于 Zookeeper 中，整个集群的工作会继续稳定运行。

HMaster 还会处理一些重要的工作，如 Region 的切片、RegionServer 的故障转移等，如果 HMaster 出现故障而且没有得到及时处理，这些功能都会受到影响。因此，还是要使 HMaster 尽快恢复正常。Zookeeper 组件提供了多 HMaster 的机制，提高了 HBase 的可用性和稳健性。

在 HDFS 中，DataNode 负责存储实际数据，RegionServer 主要负责响应用户的请求，向 HDFS 读写数据。一般在分布式集群中，RegionServer 运行在 DataNode 服务器上，实现数据的本地性。

每个 RegionServer 包含多个 Region，其负责的功能如下。

（1）处理分批给它的 Region。

（2）处理客户端读写请求。

（3）刷新缓存。

（4）处理 Region 分片。

（5）执行压缩。

RegionServer 是 HBase 中最核心的模块，其内部管理了一系列 Region 对象，每个 Region 由多个 HStore 组成，每个 HStore 对应表中一个列族的存储。

HBase 是按列进行存储的，将列族作为一个集中的存储单元，且 HBase 将具备相同 I/O 特性的列存储到一个列族中，这样可以保证读写的高效性。HBase 处理数据的流程如图 3-26 所示。

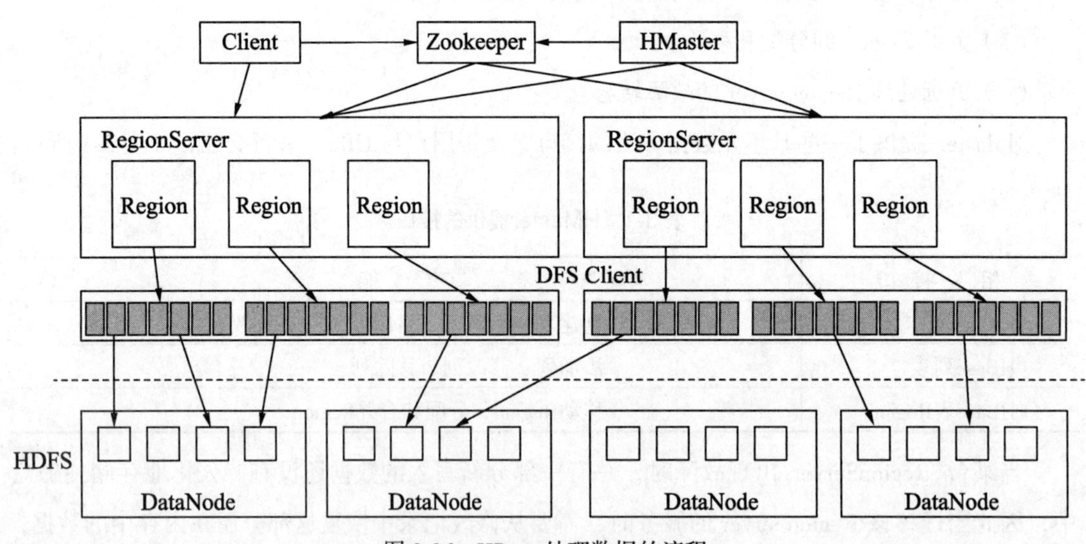

图 3-26 HBase 处理数据的流程

在图 3-26 中，RegionServer 最终将 Region 数据存储在 HDFS 中，采用 HDFS 作为底层存储。HBase 自身并不具备数据复制和维护数据副本的功能，所以依赖于 HDFS 提供可靠和稳定的存储。

HBase 也可以不采用 HDFS，使用如本地文件系统或云计算环境中的 Amazon S3。

本章 HBase 的内容都是以 HDFS 为底层存储来描述的。

第 4 章 Service Mesh 及 Istio 服务治理

4.1 Service Mesh 概念剖析

Service Mesh 即“服务网格”，是一个用于处理服务之间通信的基础设施层，负责为构建复杂的云原生应用传递可靠的网络请求，并为服务之间的通信提供了微服务所需的基本组件功能，如服务发现、负载均衡、监控、流量管理、访问控制等。

在企业生产环境中，服务网格通常为一组与应用程序部署在一起的轻量级网络代理，但对应用程序来说是透明的。Service Mesh 网络结构如图 4-1 所示。

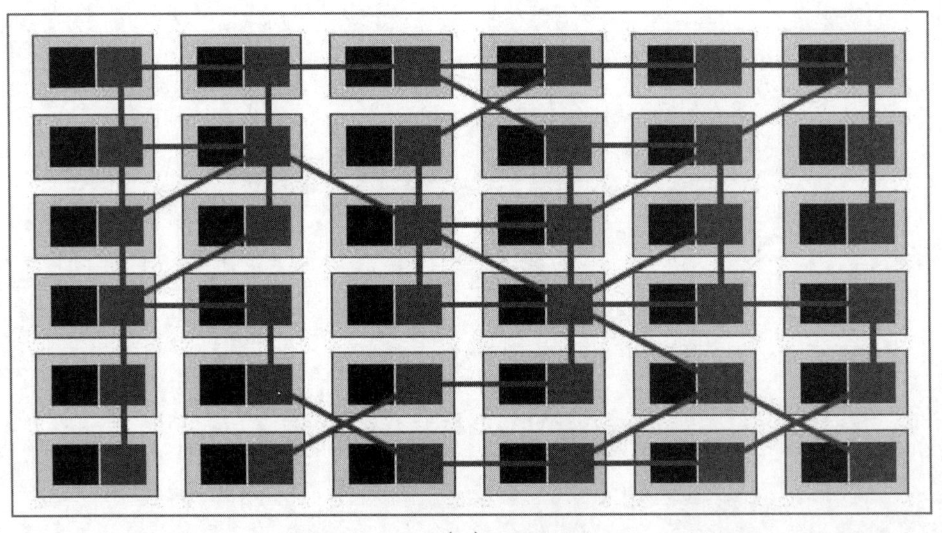

（a）

图 4-1 Service Mesh 网络结构图

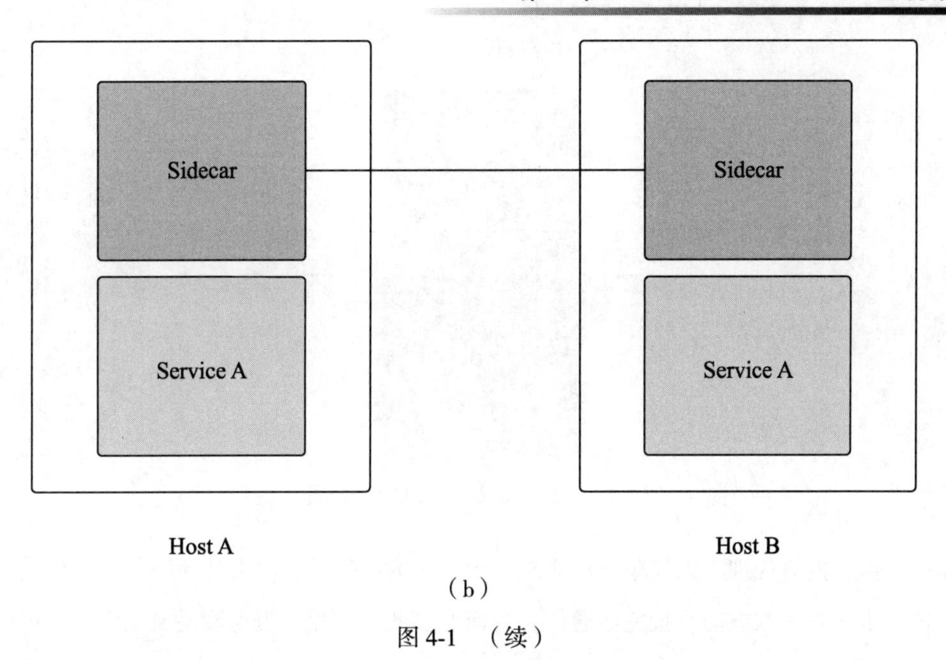

（b）

图 4-1　（续）

Service Mesh 有以下 4 个特点。

（1）治理能力独立（Sidecar）。

（2）应用程序无感知。

（3）服务通信的基础设施层。

（4）解耦应用程序的重试/超时、监控、跟踪和服务发现。

Service Mesh 是建立在 TCP 层之上的微服务层。可以从 Service Mesh 的技术根基——网络代理进行分析。说起网络代理，首先会想到"翻墙"，如果比较熟悉软件架构，则会想到 Nginx 等反向代理软件。

其实网络代理的范围比较广，有网络访问的地方就会有代理的存在。Wikipedia（维基百科）对代理的定义如下：

In computer networks, a proxy server is a server (a computer system or an application) that acts as an intermediary for requests from clients seeking resources from other servers.（在计算机网络中，代理服务器是一个作为从其他服务器寻求资源的中介的服务器（计算机系统或应用程序）。）

代理可以是嵌套的，通信双方 A、B 中间可以有多层代理，而这些代理有可能对 A、B 是透明的，如图 4-2 所示。

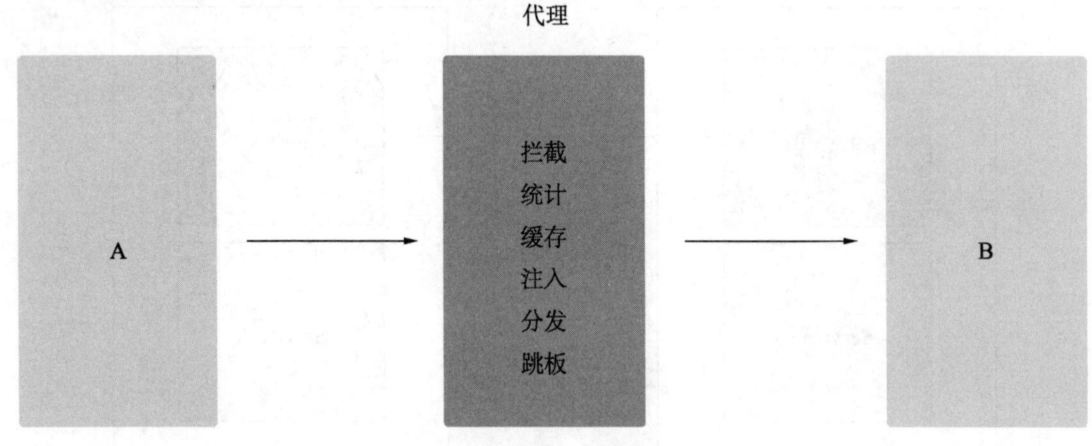

图 4-2 通信双方与代理的结构图

简单来说，网络代理可以简单类比成现实生活中的中间人，因为各种原因在通信双方中间加上一道关卡。本来双方能直接完成通信，为何要多此一举呢？因为该关卡（代理）可以为整个通信带来更多的功能，如拦截、统计、缓存、注入、分发、跳板等。

1. 拦截

代理可以选择性拦截传输的网络流量。例如，一些公司限制员工在上班期间不能访问某些游戏或者电商网站；在数据中心中拒绝恶意访问的网关。

2. 统计

既然所有的流量都经过代理，那么代理也可以用来统计网络中的数据信息，如了解哪些人在访问哪些网站、通信的应答延迟等。

3. 缓存

如果通信双方比较“远”，访问比较慢，那么代理可以把最近访问的数据缓存在本地，当需要再次访问时就可以直接本地查找，从而提高响应效率。CDN 就是这个功能的典型应用。

4. 注入

既然代理可以看到流量，那么它也可以修改网络流量，可以自动在收到的流量中添加一些数据，如有些宽带提供商的弹窗广告。

5. 分发

如果某个通信方有多个服务器后端，代理可以根据某些规则将流量分发多个服务器，这也就是我们常说的负载均衡功能，如著名的 Nginx。

6. 跳板

如果 A、B 双方因为某些原因不能直接访问，而代理可以和双方通信，那么通过代理，双方可以绕过原来的限制进行通信。

Service Mesh 可以看作传统代理的升级版，用来解决在微服务框架中出现的问题，也可以看作分布式的微服务代理。

在传统模式下，代理一般是集中式的、单独的服务器，所有请求都要先通过代理，然后再转发到实际的后端。

在 Service Mesh 中，代理变成了分布式的，它常驻在了应用的身边，最常见的就是 Kubernetes Sidecar 模式，每个应用的 Pod 中都运行着一个代理，负责与流量相关的事情。

这样，应用所有的流量都被代理接管，那么这个代理就能实现上面提到的所有功能，从而带来无限的想象。

此外，传统的代理都是基于网络流量的，一般都是工作在 TCP/IP 层，很少关心具体的应用逻辑。在 Service Mesh 中，代理会知道整个集群的所有应用信息，并额外添加了热更新、注入服务发现、降级熔断、认证授权、超时重试、日志监控等功能，让这些通用的功能不必每个应用都自己实现。

Service Mesh 中的代理对微服务中的应用做了定制化的改进。借着微服务和容器化的东风，传统的代理摇身一变，成了如今炙手可热的 Service Mesh。

应用微服务之后，每个单独的微服务都会有很多副本，而且可能会有多个版本，这么多微服务之间的相互调用和管理非常复杂，但是有了 Service Mesh，就可以把这些内容统一放在代理层。

有了看起来四通八达的分布式代理，还需要对这些代理进行统一的管理。手动更新每个代理的配置，对代理进行升级或者维护是个不可持续的事情，在前面的基础上，在加上一个控制中心，一个完整的 Service Mesh 就成了。

管理员只需要根据控制中心的 API 配置整个集群的应用流量、安全规则，代理会自动和控制中心打交道，根据用户的期望改变自己的行为。

也可以理解为 Service Mesh 中的代理会抢了 Nginx 的“生意”，这也是 Nginx 也要开始做 NginxMesh 的原因。

了解了 Service Mesh 的概念，再来看 Istio，就会清楚很多。首先来看 Istio 官方的架构，如图 4-3 所示。

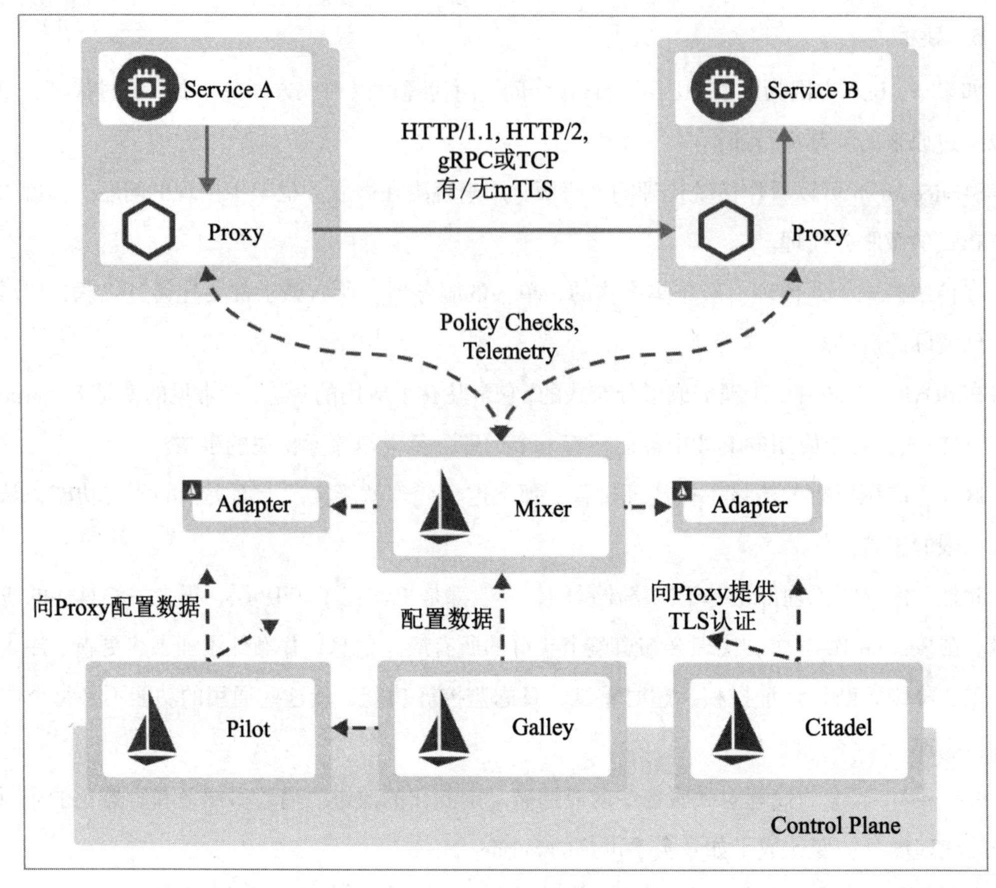

图 4-3 Istio 官方架构图

可以看到，Istio 就是上述提到的 Service Mesh 架构的一种实现，服务之间的通信（如这里的 Service A 访问 Service B）会通过代理（默认是 Envoy）进行。

中间的网络协议支持 HTTP/1.1、HTTP/2、gRPC 和 TCP，可以说覆盖了主流的通信协议。控制中心做了进一步的细分，分成了 Pilot、Mixer、Galley 和 Citadel，它们的各自功能如下。

（1）Pilot 为 Envoy 提供了服务发现、流量管理和智能路由（AB 测试、金丝雀发布等），以及错误处理（超时、重试、熔断）功能。用户通过 Pilot 的 API 管理与网络相关的资源对象，Pilot 会根据用户的配置和服务的信息把网络流量管理变成 Envoy 能识别的格式，分发到各个 Sidecar 代理中。

（2）Mixer 为整个集群执行访问控制（哪些用户可以访问哪些服务）和 Policy 管理（Rate Limit、Quota 等），并且收集代理观察到的服务之间的流量统计数据。

（3）Citadel 为服务之间提供认证和证书管理。

代理会和控制中心通信，一方面可以获取需要的服务之间的信息，另一方面也可以汇报服务调用的 Metrics 数据。

知道了 Istio 的核心架构，再来看它的功能描述，就会非常容易理解。

（1）连接。控制中心可以从集群中获取所有服务的信息，并分发给代理，这样代理就能根据用户的期望来完成服务之间的通信（自动地服务发现、负载均衡、流量控制等）。

（2）安全加固。因为所有的流量都是通过代理的，那么代理接收到不加密的网络流量之后，可以自动做一次封装，把它升级成安全的加密流量。

（3）控制。用户可以配置各种规则（如 RBAC 授权、白名单、Rate Limit 或 Quota 等），当代理发现服务之间的访问不符合这些规则时，就会直接拒绝。

（4）观察。所有的流量都经过代理，因此代理对整个集群的访问情况知道得一清二楚，它把这些数据上报到控制中心，那么管理员就能观察到整个集群的流量情况了。

4.2　Istio 应用场景

虽然 Istio 看起来非常炫酷，功能也很强大，但是一个架构和产品的诞生都是为了解决具体的问题。本节介绍微服务架构中的难题以 Istio 给出的答案。

首先，原来的单个应用拆分成了许多分散的微服务，它们之间相互调用才能完成一个任务，而一旦某个过程出错（组件越多，出错的概率也就越大），就非常难以排查。

用户请求出现的问题无外乎两个：错误和响应慢。如果是请求错误，那么需要知道哪个步骤出错了，这么多的微服务调用，怎么确定哪个调用成功了？哪个没有调用成功？

如果是请求响应太慢，那么需要知道到底哪些地方比较慢？整个链路的调用各阶段耗时是多少？哪些调用是并发执行的，哪些是串行的？这需要开发人员非常清楚整个集群的调用及流量情况。

此外，微服务拆分成这么多组件，如果单个组件出错的概率不变，那么整体出错的概率就会增大。服务调用如果没有错误处理机制，则会导致非常多的问题。

例如，如果应用没有配置超时参数，或者配置的超时参数不对，则会导致请求的调用链超时叠加，对于用户来说就是请求卡住了。

如果没有重试机制，那么因为各种原因导致的偶发故障也会导致直接返回错误给用户，造成不好的用户体验。

此外，如果某些节点异常（如网络中断或负载很高），也会导致应用整体的响应时间变长，集群服务应该能自动避开这些节点上的应用。

最后，应用也是会出现漏洞的，各种漏洞会导致某些应用不可被访问。这需要每个应用能及时发现问题，并做好对应的处理措施。

应用数量的增多，对于日常的应用发布来说也是个难题。应用的发布需要非常谨慎，如果应用都是一次性升级的，出现错误会导致整个线上应用崩溃，影响范围太大。大多情况下，需要同时对不同版本的应用使用 AB 测试验证哪个版本更好。

一方面，大多数程序员都对与安全有关的功能并不擅长或者不感兴趣，另一方面，这些完全相似的功能每次都要实现一遍是非常冗余的。这时需要一个能自动管理与安全相关的内容的系统。

上面提到的这些问题是不是非常熟悉？它们就是 Istio 尝试解决的。如果把上面的问题和 Istio 提供的功能做个映射，将会发现它们非常匹配，毕竟 Istio 就是为了解决微服务的这些问题才出现的。

4.3 如何接入 Istio

Istio 能解决很多问题，但是引入 Istio 是有代价的。最大的问题是 Istio 的复杂性，强大的功能也意味着 Istio 的概念和组件非常多。要想理解和掌握 Istio，并成功在生产环境中部署它，需要非常详细的规划。

一般情况下，集群管理团队需要对 Kubernetes 非常熟悉，了解其常用的设计模式，然后采用逐步演进的方式把 Istio 的功能分批掌控下来。

第一步，自然是在测试环境搭建一套 Istio 的集群，理解所有核心概念和组件。

了解 Istio 提供的接口和资源，知道它们的用处，思考如何应用到自己的场景中；然后熟悉 Istio 的源代码，跟进社区的 Issues（问题），了解目前还存在的 Issues 和 Bug（漏洞），思考如何规避或修复。

这一步是基础，需要积累与 Istio 安装部署、核心概念、功能和缺陷有关的知识，为后面做好准备。

第二步，可以考虑接入 Istio 的观察性功能，包括 Logging、Tracing、Metrics 数据。

应用部署到集群中，选择性地（一般是流量比较小、影响范围不大的应用）为一些应用开启 Istio 自动注入功能，接管应用的流量，并安装 Prometheus 和 Zipkin 等监控组件，收集系统所有的监控数据。

这一步可以试探性地了解 Istio 对应用的性能影响，同时建立服务的性能测试基准，发现服务的性能瓶颈，快速定位应用可能出现的问题。

此时，这些功能可以是对应用开发者透明的，只需要集群管理员感知，这样可以减少可能带来的风险。

第三步，为应用配置 Time Out（超时参数）、自动重试、熔断和降级等功能，增加服务的容错率。

这样可以避免由于某些应用的错误配置导致的问题。这一步完成后需要通知所有应用开发者删除在应用代码中的对应处理逻辑，需要开发者和集群管理员同时参与。

第四步，与 Ingress、Helm、应用上架等相关组件和流程对接，使用 Istio 接管应用的升级发布流程。

这一步让开发者可以配置应用灰度发布升级的策略，支持应用的蓝绿发布、金丝雀发布及 AB 测试。

第五步，接入安全功能。配置应用的 TLS（Transport Layer Security，传输层安全性协议）互信，添加 RBAC（Role-Based Access Control，基于角色的权限控制）授权，设置应用的流量限制，提升整个集群的安全性。

因为安全方面的配置比较烦琐，且优先级一般会比与功能性相关的特性要低，所以这里放在了最后。

当然第五步只是用作参考，每个公司需要根据自己的实际情况，综合考虑人力、时间和节奏调整，规划出适合自己的方案。

4.4 Istio 技术总结

Istio 架构在数据中心和集群管理中非常常见，每个 Agent 分布在各个节点上（可以是服务器、虚拟机、Pod、容器）负责接收指令并执行，以及汇报信息。

控制中心负责汇聚整个集群的信息，并提供 API 让用户对集群进行管理。

Kubernetes 和 SDN（Software Defined Network，软件定义网络）也是类似的架构。

相信以后会有更多类似的架构出现，这是因为数据中心要管理的节点越来越多，需要把任务分发到各节点（Agent 负责的功能），同时也需要对整个集群进行管理和控制（Control Plane 的功能），完全去中心化的架构是无法满足后面这个要求的。

Istio 的出现为负责的微服务架构减轻了很多负担，开发者不用关心服务调用的超时、重试、Rate Limit 的实现，服务之间的安全、授权也自动得到了保证。

集群管理员也能很方便地发布应用（AB 测试和灰度发布），并且能清楚地看到整个集群的运行情况。

但是这并不表明有了 Istio 就可以高枕无忧。Istio 只是把原来分散在应用内部的复杂性抽象出来放到了统一的地方，并没有让原来的复杂性消失不见。因此需要维护 Istio 整个集群，而 Istio 的架构比较复杂，尤其是它一般还需要搭建在 Kubernetes 之上，这两个系统都比较复杂，且它们的稳定性和性能会影响到整个集群。

所以在采用 Isito 之前，必须做好清晰的规划，权衡它带来的好处是否远大于额外维护的成本，相关负责人要对整个网络、Kubernetes 和 Istio 都比较了解才行。

4.5 Istio 主要功能

Isito 是 Service Mesh 的落地产品，是目前最受欢迎的服务网格，功能丰富、成熟度高。

随着互联网行业的发展，在企业普遍都做云平台的时代背景下，云技术架构带来的好处自然不少。但是，不可否认的是，采用云技术架构会对 DevOps 团队造成很大的压力，开发人员也必须使用微服务构建可移植性，同时各大运营商正在管理超大型混合和多云部署。而 Istio 使得开发人员可以连接、安全加固、控制和观察这些服务。

从更高的维度来看，Istio 有助于降低部署的复杂性，减轻开发团队的负担。Istio 是一个完全开源的服务网格，可以透明地分层到现有的分布式应用程序上。同时，它也是一个平台，通过其提供的 API，可将其集成到任何日志平台、遥测或策略系统中。

Istio 的多样化功能使开发人员高效地运行分布式微服务架构，并提供统一的方式来保护、连接和监视微服务。官方对 Istio 的介绍浓缩成了一句话：

An open platform to connect, secure, control and observe services.

（连接、安全加固、控制和观察服务的开放平台。）

其中，开放平台指它本身是开源的，服务对应的是微服务，也可以粗略地理解为单个应用，如图 4-4 所示。

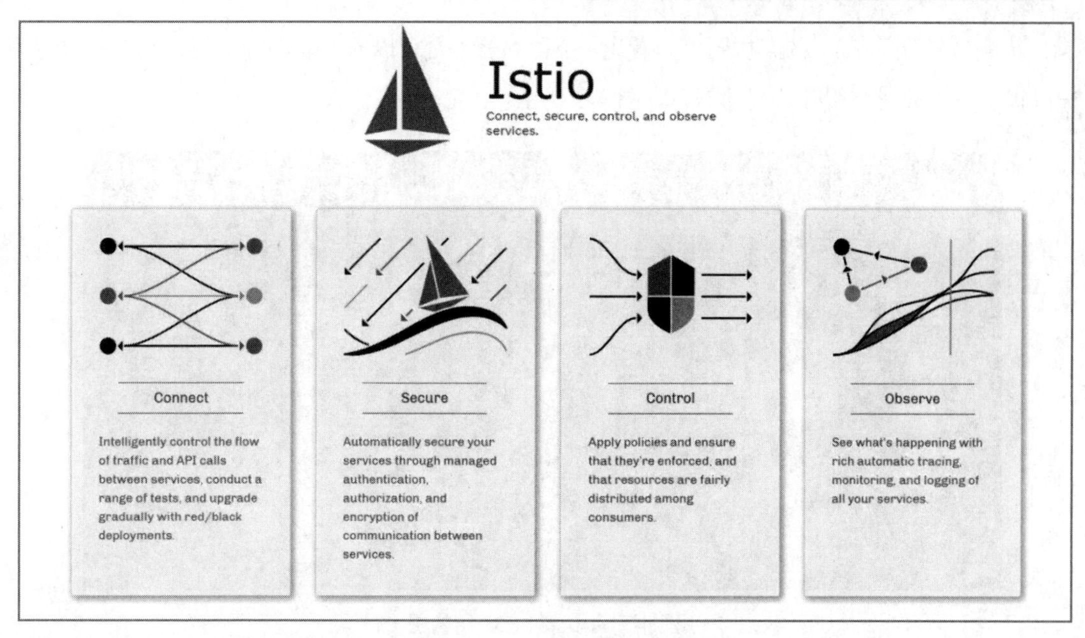

图 4-4　Istio 网络组建结构图

中间的 4 个动词就是 Istio 的主要功能，官方也各有一句话的说明。这里再阐释一下。

（1）connect（连接）：智能控制服务之间的调用流量，能够实现灰度升级、AB 测试和红黑部署等功能。

（2）secure（安全加固）：自动为服务之间的调用提供认证、授权和加密。

（3）control（控制）：应用用户定义的 policy（策略），保证资源在消费者中公平分配。

（4）observe（观察）：查看服务运行期间的各种数据，比如日志、监控和跟踪，了解服务的运行情况。

4.6　Istio 与 Kubernetes 结合

Istio 是微服务通信和治理的基础设施层，本身并不负责服务的部署和集群管理，因此需要和 Kubernetes 等服务编排工具协同工作。

Istio 在架构设计上支持各种服务部署平台，包括 Kubernetes、Cloud Foundry、Mesos 等，但 Istio 作为 Google“亲儿子”，对“自家兄弟”Kubernetes 的支持肯定是首先考虑的。目前的 0.2 版本的手册中也只有 Kubernetes 集成的安装说明，其他部署平台和 Istio 的集成将在后续版本中支持。

从 Istio 控制面 Pilot 的架构图可以看出，各种部署平台可以通过插件方式集成到 Istio 中，为 Istio 提供服务注册和服务发现功能，如图 4-5 所示。

图 4-5　Istio 和 K8S 结构图

4.7　Istio 架构与组件

（1）数据平面：由一组代理组成，代理微服务所有的网络通信，并接收和实施来自 Mixer 的策略。

（2）Proxy：负责高效转发与策略实现。

（3）控制平面：管理和配置代理来路由流量。此外，通过 Mixer 实施策略与收集来自边车代理的数据。

（4）Mixer：适配组件，数据平面与控制平面通过它交互，为 Proxy 提供策略和数据上报。

（5）Pilot：策略配置组件，为 Proxy 提供服务发现、智能路由、错误处理等。

（6）Citadel：安全组件，提供证书生成下发、加密通信、访问控制功能。

（7）Galley：配置管理、验证、分发。

4.8　为什么使用 Istio

Istio 可以轻松在已部署的服务网络上创建具有负载平衡、服务到服务的身份验证、监控等的功能，且服务代码中的代码无须变动（或变动很少）。通过在整个环境中部署一个特殊的 Sidecar 代理拦截微服务之间的所有网络通信，然后使用其平台控制功能配置和管理 Istio，包括如下内容。

（1）自动为 HTTP、gRPC、WebSocket 和 TCP 流量负载均衡。

（2）通过丰富的路由规则、重试、故障转移和故障注入对流量行为进行细粒度控制。

（3）可插拔的策略层和配置 API，支持访问控制、速率限制和配额。

（4）集群内所有流量的自动度量，具有日志记录和跟踪功能，包括集群的入口和出口。

（5）通过强大的基于身份的身份验证和授权，在集群中进行安全的通信。

4.9 Istio 流量管理

Istio 规则配置和流量路由使开发人员可以很容易地控制服务之间的流量和 API 调用的流量。Istio 简化了诸如断路器、超时和重试之类的服务级别属性的配置，并使其轻而易举地设置重要任务，如 AB 测试、金丝雀部署和基于百分比的流量拆分。

借助对流量的更好可见性和开箱即用的故障恢复功能，无论遇到什么情况，开发人员都可以在问题引起故障之前及时发现，使得调用更加可靠，网络也更加强大。

4.10 Istio 安全策略

Istio 的安全功能使开发人员可以将精力集中在应用程序级别。Istio 提供基础安全通信通道，并大规模管理服务通信的身份验证、授权和加密。借助 Istio，默认情况下可以保护服务通信的安全，从而使开发人员能够在各种协议和运行时之间一致地执行策略——这些操作几乎不需要更改应用程序。

虽然 Istio 是独立于平台的，但将其与 Kubernetes（或基础架构）网络策略配合使用后好处更多，包括能够在网络层和应用程序层保护 Pod 之间或服务之间的通信的能力。

4.11 可观察性

Istio 强大的跟踪、监控和日志记录功能使开发人员可以深入了解服务网格部署。借助 Istio 的监视功能，开发人员可以真正了解服务性能如何影响上游和下游事物，而其自定义 dashboards

（仪表盘）则可以提供对所有服务性能的可观察性（observability），并让开发人员了解该性能是如何影响其他程序的。

Istio 的 Mixer 组件负责策略控制和遥测（telemetry）采集。它提供了后端抽象和中介，使 Istio 的其余部分与各个基础架构后端的实现细节隔离开来，并为操作员提供了对网格、基础架构后端之间所有交互的精细控制。

这些功能使开发人员可以更有效地设置、监控和执行服务上的 SLO。当然，最重要的是开发人员可以快速有效地检测和修复故障。

4.12 平台支持

Istio 是独立于平台的，旨在在多种环境中运行，包括跨 Cloud、本地、Kubernetes、Mesos 等环境。开发人员可以在 Kubernetes 或 Consul 的 Nomad 上部署 Istio。Istio 当前支持以下功能。

（1）在 Kubernetes 上部署 Service。

（2）向 Consul 注册 Services。

（3）在单个虚拟机上运行 Services。

（4）集成和自定义。

（5）Istio 的策略执行组件可以扩展和自定义，以与现有的 ACL、日志记录、监视、配额、审核等集成。

Istio 服务网格在逻辑上分为数据平面和控制平面。数据平面由部署为 Sidecar 的一组智能代理（Envoy）组成，这些代理中介和控制微服务与 Mixer、通用策略和遥测集线器之间的所有网络通信。

控制平面管理并将代理配置为路由流量。另外，控制平面配置 Mixers 执行策略和采集遥测数据。

4.13 Envoy 概念

Istio 使用 Envoy 代理的扩展版本，Envoy 是使用 C++开发的高性能代理，可为服务网格中的所有服务调解所有入站和出站流量。Istio 利用了 Envoy 的许多内置功能，如：

（1）动态服务发现；

（2）负载均衡；

（3）TLS termination（TLS 终端）；

（4）HTTP/2 和 gRPC 代理；

（5）熔断（Circuit breakers）；

（6）健康检查；

（7）分阶段推出，按百分比分配流量；

（8）故障注入；

（9）丰富的指标。

Sidecar 代理模型还允许开发人员将 Istio 功能添加到现有部署中，而无须重新构造或重写代码。

4.14　Mixer 概念

Mixer 是一个与平台无关的组件，通过跨服务网格实施访问控制和使用策略，并从 Envoy 代理和其他服务收集遥测数据。代理提取请求级别属性，并将其发送到 Mixer 进行评估。开发人员可以在“Mixer 配置”文档中找到有关此属性提取和策略评估的更多信息。

Mixer 包含一个灵活的插件模型，该模型使 Istio 可以与各种主机环境和基础架构后端交互。Istio 抽象了 Envoy 代理和 Istio 管理的服务。

4.15　Pilot 概念

Pilot 提供了 Envoy Sidecar 的服务发现、智能路由的流量管理功能（如 AB 测试、金丝雀等）以及弹性（如超时、重试、断路器等）。

Pilot 将控制流量行为的高级路由规则转换为 Envoy 特定的配置，并在运行时将其传送到 Sidecar。Pilot 提取了特定于平台的服务发现机制，并将它们合成为标准格式，任何符合 Envoy 数据平面 API 的 Sidecar 都可以使用。这种松散的耦合使得 Istio 可以在 Kubernetes、Consul 和 Nomad 等多种环境中运行，同时为流量管理保留相同的操作员界面。

4.16 Citadel 概念

Citadel 通过内置的身份和凭据管理实现了强大的服务到服务、服务到终端用户的身份验证功能，开发人员可以使用 Citadel 升级服务网格中的未加密流量。使用 Citadel，运营商可以基于服务身份而不是相对不稳定的 3 层或 4 层网络识别码来实施策略。从 Citadel 0.5 版本开始，开发人员可以使用 Istio 的授权功能来控制谁可以访问服务。

4.17 Galley 概念

Galley 是 Istio 用于配置验证、提取、处理和分发的组件，负责将其余 Istio 组件与从底层平台（如 Kubernetes）获取用户配置的细节隔离开来，有以下 4 个特点。

（1）最大化透明度。

采用 Istio 后，操作员或开发人员应尽可能少地干预，以充分发挥其价值。Istio 可以自动将其自身插入服务之间的所有网络路径中。Istio 使用 Sidecar 代理捕获流量，并在可能的情况下自动对网络层进行编程，以通过这些代理路由流量，而无须更改已部署的代码。在 Kubernetes 中，代理被注入 Pod，并通过对 iptables 规则进行编程捕获流量。一旦注入了 Sidecar 代理并且编程实现了路由流量的功能，Istio 就可以调解所有流量。此原则也适用于性能。将 Istio 应用于部署时，运营商会发现所提供功能的资源成本增加最小。组件和 API 必须在设计时充分考虑性能和规模。

（2）可扩展性。

随着运营商和开发人员越来越依赖 Istio 提供的功能，Istio 组件也必须随着他们的需求而扩展。添加新功能的最大需求是扩展策略系统。策略系统运行时支持插入其他服务的标准扩展机制。

（3）可移植性。

Istio 能在任何云端或本地环境中运行，且可移植性强，将基于 Istio 的服务移植到新环境的任务非常简单。使用 Istio，可以操作部署到多个环境中的单个服务，例如，可以在多个云上部署以实现冗余。

（4）策略统一性。

将策略应用于服务之间的 API 调用可以实现对网格的许多控制，将其应用于不一定在 API 级别使用的资源也同样重要。例如，对 ML（Machine Learning，机器学习）训练任务消耗的 CPU

数量应用 quota 比对启动 work 的调用应用 quota 更有用。为此，Istio 将策略系统作为具有其自己的 API 的独特服务来维护，从而使得服务根据需要直接与其集成。

4.18　Istio 部署实战

（1）下载 Istio 安装包，默认下载最新版本，操作命令如下：

```
curl -L https://istio.io/downloadIstio | sh -
```

也可以下载指定的版本，操作命令如下：

```
curl -L https://istio.io/downloadIstio | ISTIO_VERSION=1.9.4 sh -
wget -c https://github.com/istio/istio/releases/download/1.9.4/istio-
1.9.4-linux-amd64.tar.gz
```

（2）下载完成之后，解压软件包，进入 Istio 安装目录，操作命令如下：

```
#解压 Istio 软件包
tar -xzvf istio-1.9.4-linux-amd64.tar.gz
#创建 Istio 程序部署路径
mkdir -p /usr/local/istio/
#将解压程序移动至部署目录
mv istio-1.9.4 /usr/local/istio/
#查看 Istio 是否部署成功
ls -l /usr/local/istio/
```

（3）配置 Istio 命令工具，在/etc/profile 文件中加入以下代码：

```
cat>>/etc/profile<<EOF
export PATH=\$PATH:/usr/local/istio/bin/
EOF
source /etc/profile
```

（4）执行安装命令安装 Demo 应用，用于测试以及练习后续的功能特性，Demo 应用几乎包括了 Istio 的所有功能特性，结果如图 4-6（a）所示。

```
istioctl manifest apply --set profile=demo
```

（5）安装之后生成了 istio-system 的 ns，结果如图 4-6（b）所示。

```
kubectl get ns
```

（6）查看 Istio 需要的 crd，操作命令如下，结果如图 4-6（c）所示。

```
kubectl get crd|grep -aiE istio
```

```
[root@master1 ~]#
[root@master1 ~]# istioctl manifest apply --set profile=demo
This will install the Istio 1.9.4 demo profile with ["Istio core" "Istiod" "Ingress ga
y
✓ Istio core installed
✓ Istiod installed
  Processing resources for Egress gateways, Ingress gateways. Waiting for Deployment/
✓ Egress gateways installed
✓ Ingress gateways installed
✓ Installation complete
[root@master1 ~]#
[root@master1 ~]#
[root@master1 ~]#
[root@master1 ~]#
[root@master1 ~]#
```

（a）安装 Demo 应用

```
[root@master1 ~]#
[root@master1 ~]# kubectl get ns
NAME                   STATUS   AGE
default                Active   6h55m
ingress-nginx          Active   6h31m
istio-system           Active   2m52s
kube-node-lease        Active   6h55m
kube-public            Active   6h55m
kube-system            Active   6h55m
kubernetes-dashboard   Active   6h52m
[root@master1 ~]#
[root@master1 ~]#
[root@master1 ~]#
[root@master1 ~]#
```

（b）查看 ns

```
[root@master1 ~]# kubectl get crd|grep -aiE istio
authorizationpolicies.security.istio.io     2021-04-29T09:58:06Z
destinationrules.networking.istio.io        2021-04-29T09:58:06Z
envoyfilters.networking.istio.io            2021-04-29T09:58:07Z
gateways.networking.istio.io                2021-04-29T09:58:07Z
istiooperators.install.istio.io             2021-04-29T09:58:07Z
peerauthentications.security.istio.io       2021-04-29T09:58:07Z
requestauthentications.security.istio.io    2021-04-29T09:58:07Z
serviceentries.networking.istio.io          2021-04-29T09:58:07Z
sidecars.networking.istio.io                2021-04-29T09:58:07Z
virtualservices.networking.istio.io         2021-04-29T09:58:07Z
workloadentries.networking.istio.io         2021-04-29T09:58:07Z
workloadgroups.networking.istio.io          2021-04-29T09:58:08Z
[root@master1 ~]#
```

（c）查看 crd

图 4-6 Istio 部署完成

至此，Istio 部署完成，在 K8S 集群中能够看到与 Istio 相关的插件模块，即表示 Istio 部署成功。

4.19 Demo 应用安装

（1）安装 Demo 应用，以便后续展示 Istio 的各种功能特性，操作方法和命令如下：

```
#进入 Istio 程序目录
cd /usr/local/istio/
#安装 Demo 应用
```

```
kubectl apply -f samples/bookinfo/platform/kube/bookinfo.yaml
#查看安装的相关service,如图4-7(a)所示
kubectl get svc
#查看相关pod,如图4-7(b)所示
kubectl get pod
```

（2）根据以上 Istio Demo 方法完成部署，最终执行结果如图 4-7 所示。

```
[root@master1 istio]#
[root@master1 istio]# kubectl get svc
NAME          TYPE        CLUSTER-IP      EXTERNAL-IP   PORT(S)    AGE
details       ClusterIP   10.10.45.225    <none>        9080/TCP   13m
kubernetes    ClusterIP   10.10.0.1       <none>        443/TCP    7h16m
productpage   ClusterIP   10.10.164.57    <none>        9080/TCP   13m
ratings       ClusterIP   10.10.122.136   <none>        9080/TCP   13m
reviews       ClusterIP   10.10.91.69     <none>        9080/TCP   13m
[root@master1 istio]#
[root@master1 istio]# kubectl get pod
NAME                              READY   STATUS    RESTARTS   AGE
details-v1-79f774bdb9-25gqs       1/1     Running   0          7m26s
productpage-v1-6b746f74dc-zb66s   1/1     Running   0          13m
ratings-v1-b6994bb9-8rmz7         1/1     Running   0          7m27s
```

（a）

```
[root@master1 istio]#
[root@master1 istio]#
[root@master1 istio]# kubectl get pod
NAME                              READY   STATUS    RESTARTS   AGE
details-v1-79f774bdb9-25gqs       1/1     Running   0          6m45s
productpage-v1-6b746f74dc-zb66s   1/1     Running   0          12m
ratings-v1-b6994bb9-8rmz7         1/1     Running   0          6m46s
reviews-v1-545db77b95-lgqxn       1/1     Running   0          6m46s
reviews-v2-7bf8c9648f-l5csj       1/1     Running   0          6m46s
reviews-v3-84779c7bbc-hb6xn       1/1     Running   0          12m
[root@master1 istio]#
[root@master1 istio]#
```

（b）

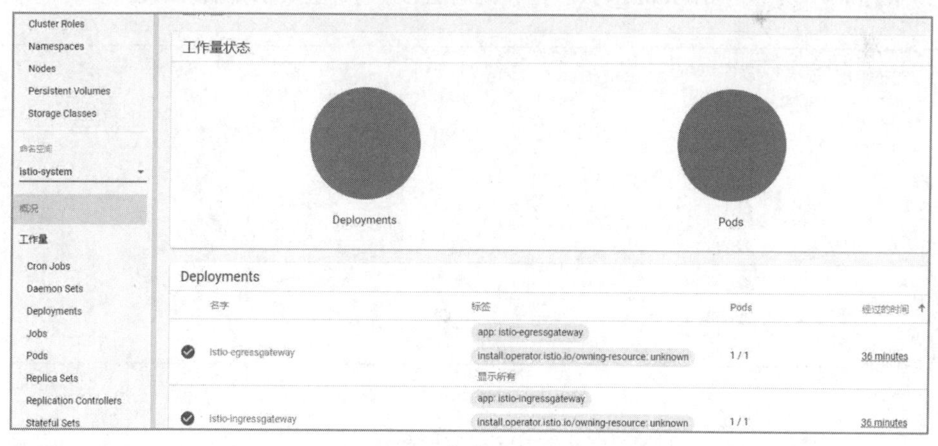

（c）

图 4-7　Istio Demo 部署完成执行结果

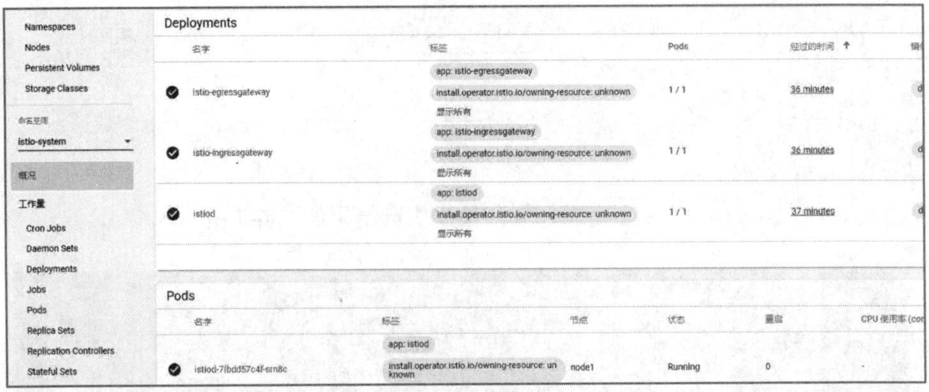

（d）

图 4-7 （续）

4.20 Demo 应用简介

Demo 是一个在线书店应用，可以展示书的各种信息，包括书的介绍、详细信息，以及各种评论。该应用被分为 4 个微服务：productpage（产品页面）、details（详情）、reviews（评论）、ratings（分级），如图 4-8 所示。其中，productpage 调用 details、reviews 来展示网页信息；details 包含书的信息；reviews 包含评论信息，也会调用 ratings；ratings 包含书的排名信息。reviews 中 3 个版本的实例如下。

（1）reviews-v1：不调用 ratings 微服务。

（2）reviews-v2：会调用 ratings 微服务，同时会按 1 ~ 5 星展示排名。

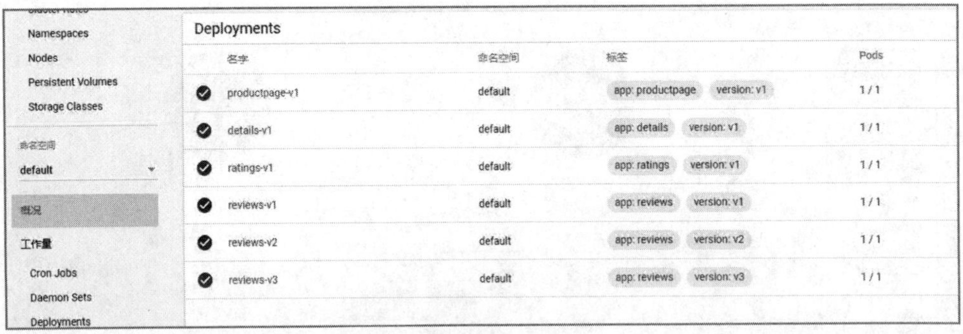

（a）Deployments 列表

图 4-8 Demo 应用部分界面

（3）reviews-v3：会调用 ratings 微服务，同时会按 1 ~ 5 星展示排名。

Services

	名字	命名空间	标签	集群 IP	内部 Endpoints	外部
✔	details	default	app: details　service: details	10.10.45.225	details:9080 TCP details:0 TCP	-
✔	productpage	default	app: productpage　service: productpage	10.10.164.57	productpage:9080 TCP productpage:0 TCP	-
✔	ratings	default	app: ratings　service: ratings	10.10.122.136	ratings:9080 TCP ratings:0 TCP	-
✔	reviews	default	app: reviews　service: reviews	10.10.91.69	reviews:9080 TCP reviews:0 TCP	-
✔	kubernetes	default	component: apiserver　provider: kubernetes	10.10.0.1	kubernetes:443 TCP kubernetes:0 TCP	-

（b）Services 列表

图 4-8　（续）

4.21　Demo 应用架构

图 4-9 所示是整个 Demo 在书店应用中的结构图。

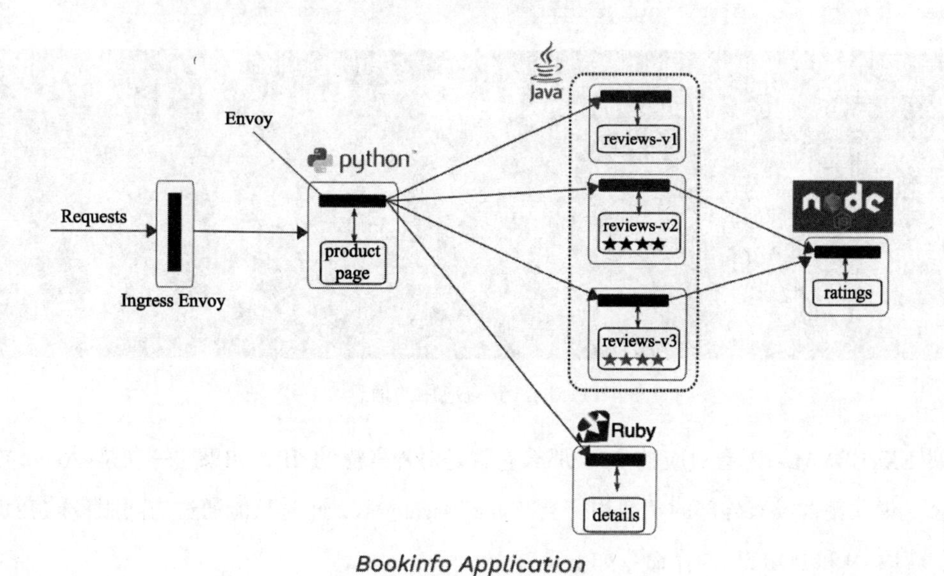

图 4-9　Istio 在书店应用中的结构图

4.22　Demo 应用访问

（1）Demo 应用安装好后还不能对外提供服务，还需要安装网关，操作方法和命令如下，结果如图 4-10 所示。

```
kubectl apply -f samples/bookinfo/networking/bookinfo-gateway.yaml
kubectl get pod
```

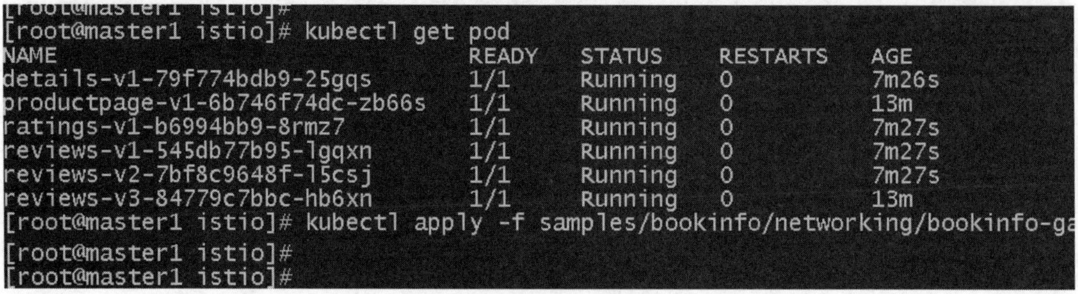

```
[root@master1 istio]# kubectl get pod
NAME                              READY   STATUS    RESTARTS   AGE
details-v1-79f774bdb9-25gqs       1/1     Running   0          7m26s
productpage-v1-6b746f74dc-zb66s   1/1     Running   0          13m
ratings-v1-b6994bb9-8rmz7         1/1     Running   0          7m27s
reviews-v1-545db77b95-lgqxn       1/1     Running   0          7m27s
reviews-v2-7bf8c9648f-l5csj       1/1     Running   0          7m27s
reviews-v3-84779c7bbc-hb6xn       1/1     Running   0          13m
[root@master1 istio]# kubectl apply -f samples/bookinfo/networking/bookinfo-ga
[root@master1 istio]#
[root@master1 istio]#
```

图 4-10　Istio Demo 安装网关

（2）其中 gateway 能让外界访问，virtualservice 提供一些基本的路由配置。之后获取要访问应用的信息，操作命令如下，结果如图 4-11 所示。

```
kubectl get svc istio-ingressgateway -n istio-system
```

```
[root@master1 istio]# kubectl apply -f samples/bookinfo/networking/bookinfo-gateway.yaml
gateway.networking.istio.io/bookinfo-gateway created
virtualservice.networking.istio.io/bookinfo created
[root@master1 istio]#
[root@master1 istio]#
[root@master1 istio]#
[root@master1 istio]# kubectl get svc istio-ingressgateway -n istio-system
NAME                   TYPE           CLUSTER-IP     EXTERNAL-IP   PORT(S)
istio-ingressgateway   LoadBalancer   10.10.169.6    <pending>     15021:30053/TCP,80:32368
[root@master1 istio]#
[root@master1 istio]#
[root@master1 istio]#
[root@master1 istio]#
```

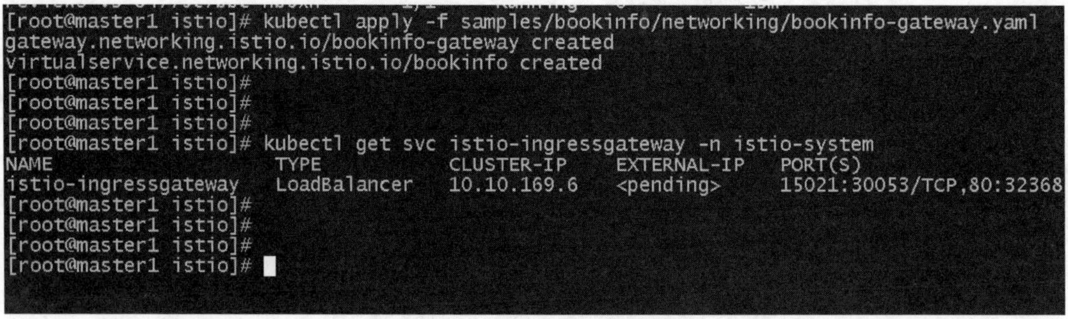

图 4-11　Istio 获取应用的信息

如果 EXTERNAL-IP 有对应的 IP，那么它就是对外暴露的 IP；如果这一项是<None>或者<pending>，说明集群没有外部的负载均衡支持 ingressgateway，此时只能通过访问服务的 PORT。

（3）获取 IP 和 PORT，操作命令如下：

```
kubectl -n istio-system get service istio-ingressgateway -o jsonpath=
'{.spec.ports[?(@.name=="http2")].nodePort}';echo
kubectl get po -l istio=ingressgateway -n istio-system -o jsonpath=
'{.items[0].status.hostIP}';echo
```

获取 IP 和端口之后访问 IP：PORT 即可访问应用的页面，如图 4-12 所示。

```
curl 192.168.1.146:32368/productpage
```

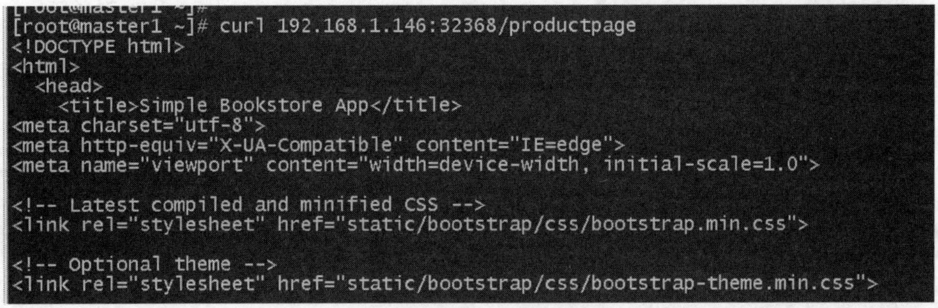

```
[root@master1 ~]# curl 192.168.1.146:32368/productpage
<!DOCTYPE html>
<html>
  <head>
    <title>Simple Bookstore App</title>
<meta charset="utf-8">
<meta http-equiv="X-UA-Compatible" content="IE=edge">
<meta name="viewport" content="width=device-width, initial-scale=1.0">

<!-- Latest compiled and minified CSS -->
<link rel="stylesheet" href="static/bootstrap/css/bootstrap.min.css">

<!-- Optional theme -->
<link rel="stylesheet" href="static/bootstrap/css/bootstrap-theme.min.css">
```

图 4-12　访问应用页面

当在浏览器中访问这个地址并不断刷新时，可以看到在 productpage 页面中展现了不同的 reviews 服务的内容，这是因为还没有用 Istio 的控制平面控制请求的路由，如图 4-13 所示。

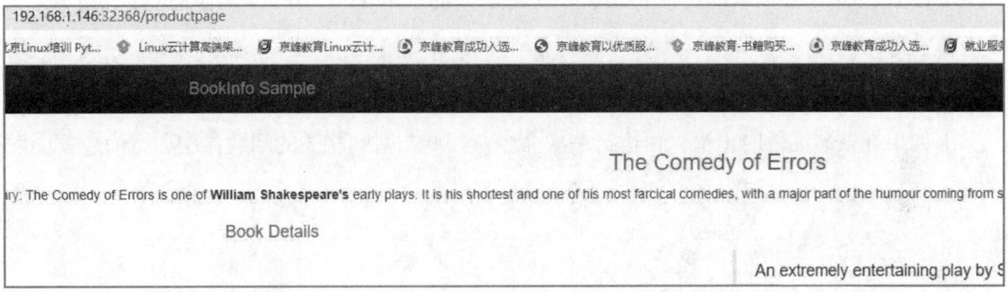

192.168.1.146:32368/productpage

BookInfo Sample

The Comedy of Errors

ary: The Comedy of Errors is one of **William Shakespeare's** early plays. It is his shortest and one of his most farcical comedies, with a major part of the humour coming from s

Book Details

An extremely entertaining play by S

（a）

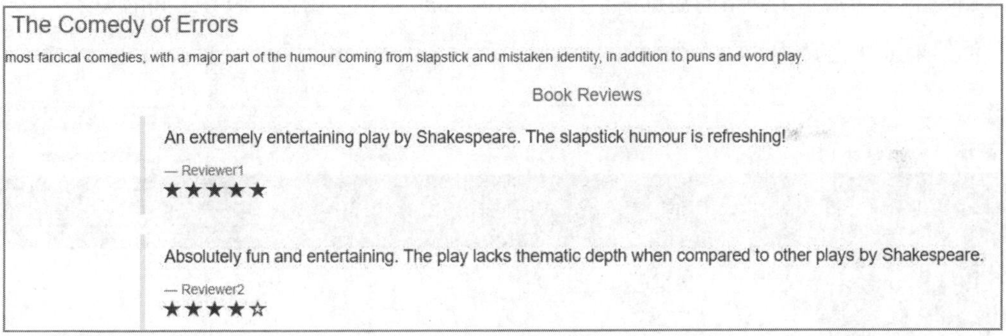

The Comedy of Errors

most farcical comedies, with a major part of the humour coming from slapstick and mistaken identity, in addition to puns and word play.

Book Reviews

An extremely entertaining play by Shakespeare. The slapstick humour is refreshing!

— Reviewer1

★★★★★

Absolutely fun and entertaining. The play lacks thematic depth when compared to other plays by Shakespeare.

— Reviewer2

★★★★☆

（b）

图 4-13　浏览器访问页面

4.23　Kiali 仪表板部署

Istio 和几个遥测应用做了集成。遥测能帮开发人员了解服务网格的结构，并展示网络的拓扑结构、分析网络的健康状态。使用下面的操作方法和命令部署 Kiali 仪表板。

（1）安装 Kiali 和其他插件。

```
#切换至 Istio 程序目录
cd /usr/local/istio/
#部署仪表板服务
kubectl apply -f samples/addons
#等待 30s,再次部署服务
sleep 30
#部署仪表板服务
kubectl apply -f samples/addons
#查看仪表板部署的状态
kubectl rollout status deployment/kiali -n istio-system
```

（2）设置可视化界面 Kiali 为外部访问模式并查询 NodePort 端口，操作命令如下：

```
kubectl patch svc -n istio-system kiali -p '{"spec": {"type": "NodePort"}}'
kubectl describe svc -n istio-system kiali
```

（3）如果在安装插件时出错，再运行一次命令。一些与时间相关的问题再次运行命令就能解决。

（4）开启 Kiali 仪表板服务，操作命令如下：

```
istioctl dashboard kiali
```

（5）在左侧的导航菜单中选择 Graph 选项，然后在 Namespace 下拉列表中选择 default 选项。Kiali 仪表板展示了网格的概览信息，以及 Bookinfo 示例应用各个服务之间的关系。它还提供过滤器来可视化流量间的联系，如图 4-14 所示。

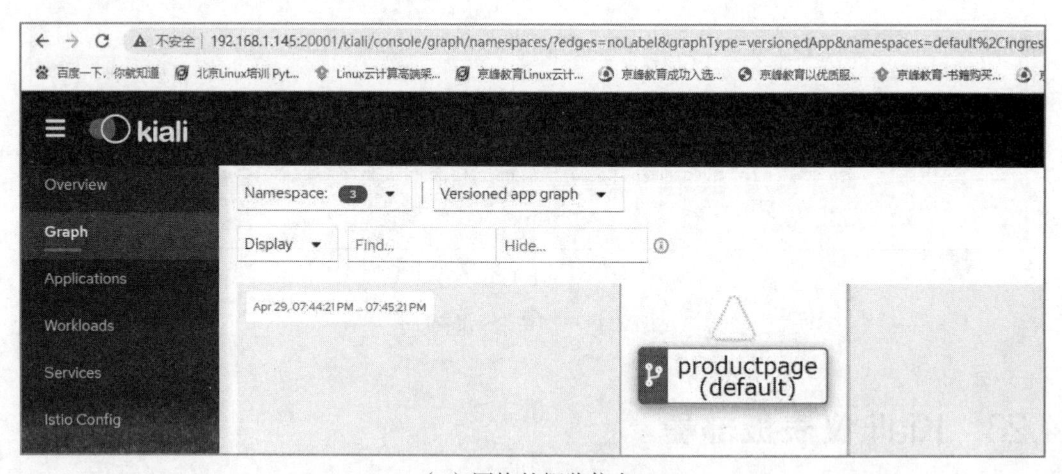

（a）网格的概览信息

图 4-14　Kiali 仪表板部分信息

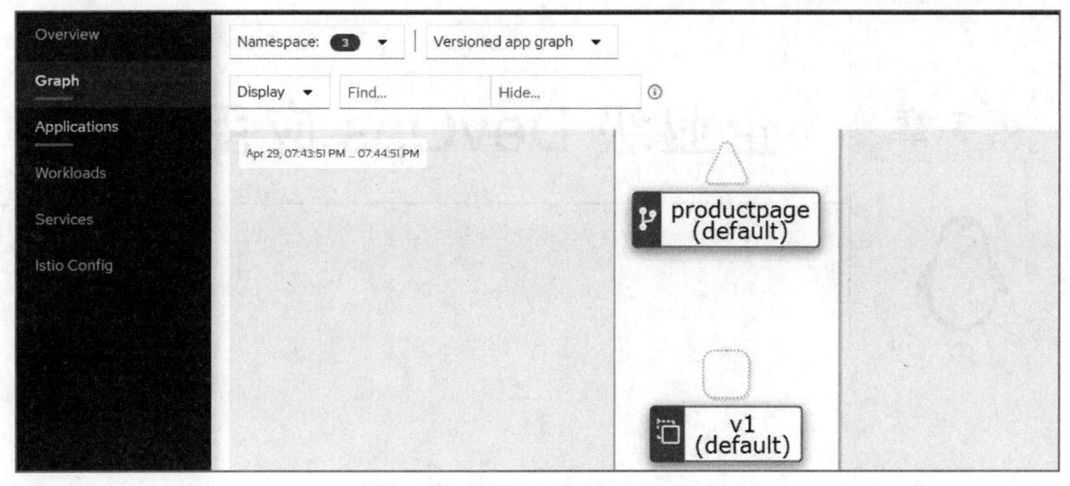

（b）示例应用各个服务之间的关系

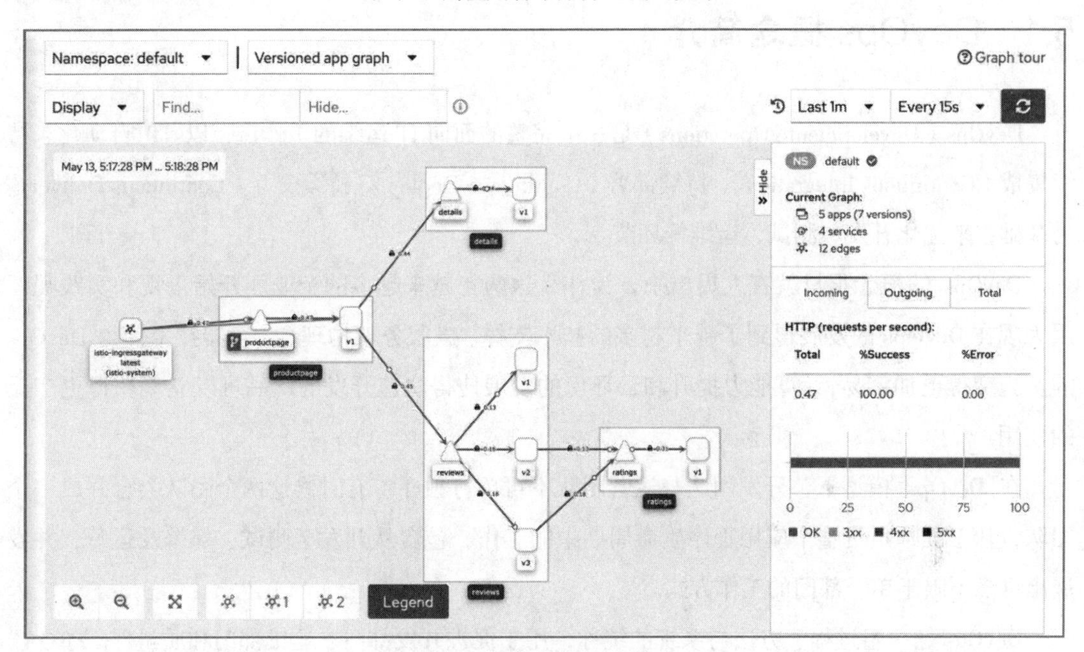

（c）可视化流量间的联系

图 4-14　（续）

第 5 章 企业级 DevOps 应用实战

5.1 DevOps 概念简介

DevOps（Development&Operations）是一个完整的面向 IT 运维的工作流，以 IT 自动化、持续集成（Continuous Integration）、持续部署（Continuous Deploy）、持续交互（Continuous Delivery）为基础，来优化开发、测试、运维等环节。

DevOps 的概念很早就有人提出来，为什么这两年越来越多的企业才开始重视和实践呢？因为现在 DevOps 的发展得到了越来越多的技术支撑。微服务架构理念、容器技术使得 DevOps 的实施变得更加容易，计算能力提升和云环境的发展使得快速开发的产品可以立刻获得更广泛的使用。

在 DevOps 模型下，开发团队与运营团队不再单打独斗。有时候这两个团队会合并成一个团队，让工程师负责整个应用程序生命周期中的工作，包含从开发至测试、部署及运营，并发展出许多不限于单一部门的工作方式。

DevOps 是一组过程、方法与系统的统称，用于促进开发部门、运维部门和质量保障（QA）部门等的沟通、协作与整合。

DevOps 是一种重视软件开发人员（Dev）与 IT 运维技术人员（Ops）之间沟通合作的文化、运动或惯例。通过自动化“软件交付”和“架构变更”的流程，使得构建、测试、发布软件能够更加快捷、频繁和可靠。

DevOps 出现的原因是软件行业日益清晰地认识到，为了按时交付软件产品和服务，开发工作和运营工作必须紧密结合。DevOps 的出现填补了开发端和运维端之间的信息鸿沟，改善了团队之间的协作关系。整体来讲，DevOps 其实包含 3 部分：开发、测试和运维。

5.2 为什么选择 DevOps

DevOps 是一种软件开发方法。

软件在整个开发生命周期中的持续开发、持续测试、持续集成、持续部署和持续监控等活动只能在 DevOps 中实现，而不是敏捷开发或瀑布开发，这就是为什么顶级互联网公司选择 DevOps 作为其业务目标前进方向的原因。DevOps 是在较短的开发周期内开发高质量软件的首选方法，可以提高客户满意度。

如果不了解 DevOps 的生命周期，对 DevOps 的理解则会片面化。下面介绍 DevOps 的生命周期，并探讨它们如何与图 5-1 所示的软件开发阶段相关联。

图 5-1 软件开发阶段

随着互联网技术的发展,用户对产品体验的要求越来越高,在企业生产环境中,引入 DevOps,在以下方面具有优势。

1. 持续开发

持续开发指在 DevOps 生命周期中软件的开发阶段。与瀑布开发不同的是，软件可交付成果被分解为短开发周期的多个任务节点，在很短的时间内开发并交付。

这个阶段包括编码和构建阶段，使用 Git 和 SVN 等工具维护不同版本的代码，使用 Ant、Maven、Gradle 等工具构建或打包代码到可执行文件，这些文件可以转发给自动化测试系统进行测试。

2. 持续测试

在持续测试阶段，软件将被持续地测试。持续测试使用的自动化测试工具有 Selenium、TestNG、JUnit 等。这些工具允许质量管理系统完全并行地测试多个代码库，以确保功能中没有缺陷。在这个阶段，使用 Docker 容器实时模拟“测试环境”也是首选。一旦代码测试通过，它就会不断地与现有代码集成。

3. 持续集成

持续集成是支持新功能的代码与现有代码集成的阶段。由于软件在不断地开发，更新后的代码需要不断地集成，并顺利地与系统集成，以反映对最终用户的需求更改。更改后的代码，还应该确保运行时环境中没有错误，允许测试更改并检查它如何与其他更改发生反应。

Jenkins 是一个非常流行的持续集成工具。使用 Jenkins，可以从 Git 存储库提取最新的代码修订，并生成一个构建，最终部署到测试服务器或生产服务器。可以将其设置为在 Git 存储库中发生更改时自动触发新构建，也可以单击按钮手动触发。

4. 持续部署

持续部署是将代码部署到生产环境的阶段。在这个阶段，要确保在所有服务器上正确部署代码。如果添加了任意功能或引入了新功能，那么应该准备好迎接更多的网站流量。因此，系统运维人员还有责任扩展服务器以容纳更多用户。

由于新代码是连续部署的，因此配置管理工具可以快速、频繁地执行任务。Puppet、Chef、SaltStack 和 Ansible 是这个阶段常用的一些流行工具。

容器化工具在部署阶段也发挥着重要作用。Docker 和 Vagrant 是流行的工具，有助于在开发、测试、登台和生产环境中实现一致性。除此之外，它们还有助于轻松扩展和缩小实例。

5. 持续监控

持续监控是 DevOps 生命周期中非常关键的阶段，旨在通过监控软件的性能提高软件的质量。这种做法涉及运营团队的参与，他们将监视用户活动中的错误、系统的任何不正当行为。这也可以通过使用专用监控工具实现，该工具将持续监控应用程序性能并突出问题。

常用的流行工具有 Splunk、ELK Stack、Nagios、NewRelic 和 Sensu，它们可以密切监视应用程序和服务器，以主动检查系统的运行状况；可以提高生产率并提高系统的可靠性，从而降低 IT 支持成本；当发现任何重大问题时都可以向开发团队报告，以便可以在持续开发阶段进行修复。

这些 DevOps 阶段循环进行，直到产品达到所需的质量目标。图 5-2 显示了在 DevOps 生命周期的各个阶段使用的工具。

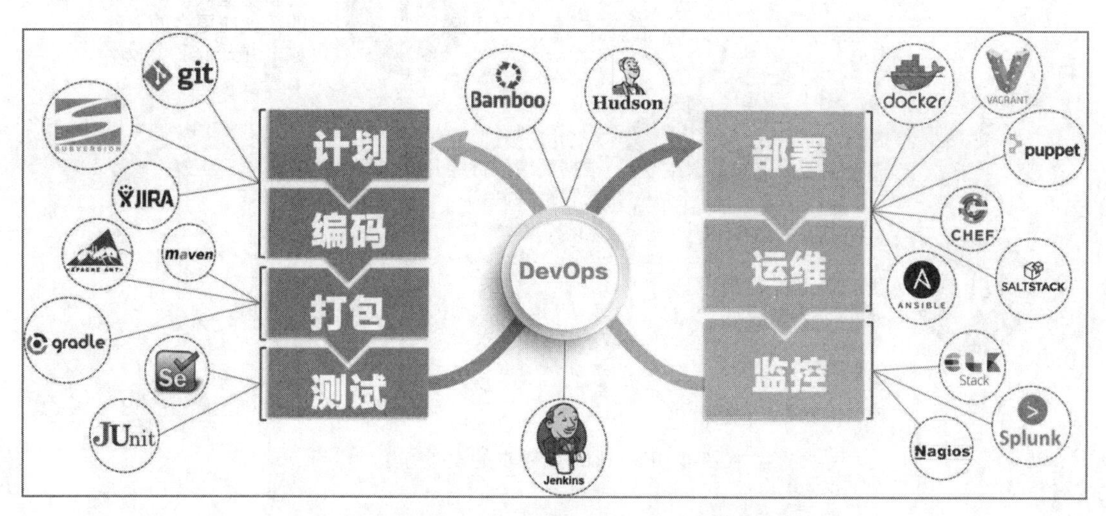

图 5-2　在 DevOps 生命周期的各个阶段使用的工具

由以上内容可以看出 DevOps 的重要性。以上介绍了 DevOps 的不同阶段及所涉及的工具，下面介绍 Facebook 公司在使用 DevOps 时应用了哪些技术。

Facebook 向遍布全球的若干亿用户推出了一系列新功能——时间轴、推荐和音乐。发布后 Facebook 上产生的巨大流量导致服务器崩溃，推出的功能获得了用户的大规模超常规响应，新功能产生了预料之外的不可控的结果。图 5-3 所示是 Facebook 新功能发布的流程。

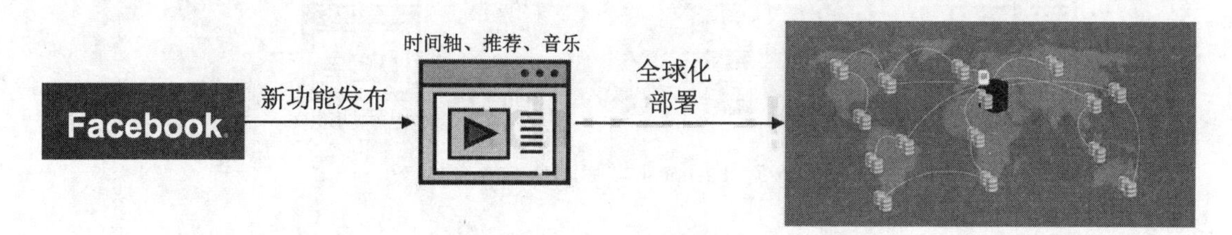

图 5-3　Facebook 新功能发布流程

这个问题使 Facebook 团队重新评估和调整战略，Facebook 由此推出了暗启动技术。基于 DevOps 原则，Facebook 为其新版本的发布创建了图 5-4 所示的方法。

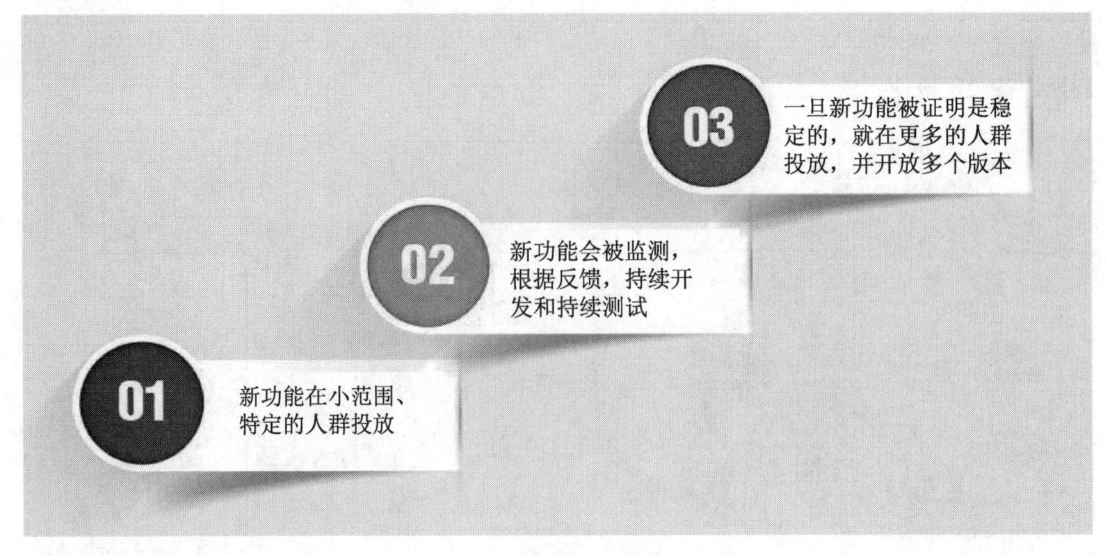

图 5-4 Facebook 新版本的发布方法

Facebook 的暗启动技术是指在新功能完全发布给所有用户之前，逐步将其推广到特定人群的过程。这有助于开发团队尽早获得用户反馈，测试错误及基础架构性能。这种发布方法是持续交付的直接结果，有助于实现更快、更迭代的版本，确保应用程序性能不会受到影响，并使用户可以很好地更新该版本。图 5-5 所示是 Facebook 暗启动技术流程。

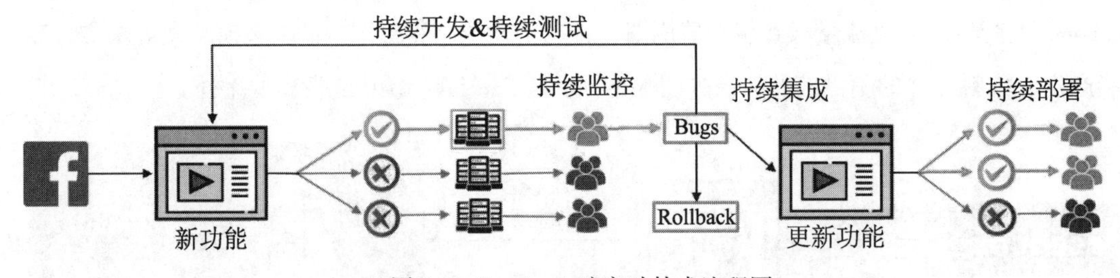

图 5-5 Facebook 暗启动技术流程图

在暗启动技术中，新功能通过专用的部署管道发布给小型用户群。从图 5-5 中可以看到，只打开了一个部署管道，将新功能部署到一组选定用户。 此时其他数百条管道全部关闭。

持续监视部署功能的特定用户群，以收集反馈并识别错误。这些错误和反馈将被纳入开发、测试和部署在同一用户群中，直到功能变得稳定。 一旦稳定后，通过打开其他部署管道，逐步在其他用户群上部署这些功能。

通过这种方式，Facebook 拥有一个受控、稳定的机制，可以为其庞大的用户群发布新功能。

相反，如果功能没有得到很好的响应，他们可以选择完全回滚部署。这也帮助他们预测了网站上的用户活动，从而相应地选择是否扩展服务器。

总之，DevOps 解决的主要问题如下。

（1）按时、快速、高质量地交付软件产品和服务。

（2）通过流程的自动化节省成本。

5.3　DevOps 优点

1. 高效速度

DevOps 模型可让开发人员和营运团队在推动业务成果的同时，还能为客户更快速地创新、更妥善地适应变动的市场以及更有效率地成长。例如，微型服务和持续交付可让团队取得服务的拥有权，然后更快速地进行版本更新。

2. 快速交付

提升版本发行的频率和速度，让开发人员和运营团队可以更快速地创新和改进产品。发行新功能和修正错误的速度越快，便能更快速地回应客户需求和建立竞争优势。持续整合和持续交付都是自动化软件发行程序（从建立到部署）的实务。

3. 可靠性

确保应用程序更新和基础设施变更的品质，让开发人员在维持最终使用者正面体验的同时，还能以更快的速度可靠地交付。使用持续整合和持续交付等实务，来测试每个变更有效且安全。监控和记录实务可协助开发人员即时收到效能资讯。

4. 扩展性

大规模运营和管理基础设施和开发程序。自动化和一致性可协助开发人员有效管理复杂或变动的系统，并降低风险。例如，基础设施使用可重复且更有效的方式来协助管理开发、测试和生产环境。

5. 团队协作

在 DevOps 文化模型下建立更有效率的团队，而此模型强调所有权和责任等价值。开发人员和营运团队可以结合工作流程紧密协作，分摊责任。这可以减少效率不彰的情形，并可节省时间。

6. 安全性

在保有控制权和维护合规性的同时快速行动。通过使用自动化合规政策、微调控制及组态管理技术，就能采用 DevOps 模型而不牺牲安全性。例如，使用基础设施便能定义并接着大规模跟踪合规性。

5.4 敏捷开发与 DevOps 的区别

要想知道敏捷开发和 DevOps 的区别，首先要了解什么是敏捷开发，敏捷开发能做什么。

敏捷开发以用户的需求进化为核心，采用迭代、循序渐进的方法进行软件开发。在敏捷开发中，软件项目在构建初期被切分成多个子项目，各个子项目的成果都经过测试，具备可视、可集成和可运行使用的特征。换言之，就是把一个大项目分为多个相互联系，但也可独立运行的小项目，并分别完成，在此过程中软件一直处于可使用状态。

5.4.1 敏捷开发的优点

（1）敏捷开发属于增量式开发，对于需求范围不明确、需求变更较多的项目而言，可以很大程度上响应及拥抱变化。

（2）对于互联网产品而言，市场风向转变很快，需要一种及时快速的交付形式，而敏捷开发则能更好地适用于此。

（3）敏捷开发可最大程度体现 80/20 法则的价值，通过增量迭代，每次都优先交付那些能产生 80%价值效益的 20%功能，最大化单位成本收益。

5.4.2 敏捷开发核心原理

敏捷开发主要强调以下核心思想：主张简单、拥抱变化、第二个目标是可持续性、递增的变化、令投资最大化、有目的的建模、多种模型、高质量的工作、快速反馈、软件是主要目标、轻装前进。

敏捷开发意味着更多的迭代：更早、更频繁地发布产品更新。先把产品做出来，而不是像过去那样过于考虑产品是否完美。这就是“永远 beta 版”的概念，30 天快速完成原型，然后看看客户的需求。敏捷的字面意思就是快速，而 DevOps 关注的已经不仅是快速改变的能力，而是如何避免浪费。

实际上，DevOps 是一种敏捷开发的方法，但已超越了它。DevOps 是软件开发生命周期从瀑布式到敏捷再到精益的发展。通常情况下，出现浪费或瓶颈的场景包括不一致的环境、人工的构建和部署流程、差的质量和测试实践、IT 部门之间缺少沟通和理解、频繁的中断和失败的协定，以及那些需要珍贵的资源、花费大量的时间和金钱才能保持系统运行的全套问题。

5.5 DevOps 实现工具

对于开发者而言，最有力的工具就是自动化工具。工具链的打通使得开发者们在交付软件时可以完成生产环境的构建、测试和运行。DevOps 常见的工具如下。

（1）代码管理（SCM）：GitHub、GitLab、BitBucket、SubVersion。

（2）构建工具：Ant、Gradle、Maven。

（3）自动部署：Capistrano、CodeDeploy。

（4）持续集成（CI）：Bamboo、Hudson、Jenkins。

（5）配置管理：Ansible、Chef、Puppet、SaltStack、ScriptRock GuardRail。

（6）容器：Docker、LXC、第三方厂商（如 AWS）。

（7）编排：Kubernetes、Core、Apache Mesos、DC/OS。

（8）服务注册与发现：Zookeeper、Etcd、Consul。

（9）脚本语言：Python、Ruby、Shell。

（10）日志管理：ELK、Logentries。

（11）系统监控：Datadog、Graphite、Icinga、Nagios。

（12）性能监控：AppDynamics、New Relic、Splunk。

（13）压力测试：JMeter、Blaze Meter、loader.io。

（14）预警：PagerDuty、Pingdom，厂商自带的（如 AWS SNS）。

（15）HTTP 加速器：Varnish。

（16）消息总线：ActiveMQ、SQS。

（17）应用服务器：Tomcat、JBoss。

（18）Web 服务器：Apache、Nginx、IIS。

（19）数据库：MySQL、Oracle、PostgreSQL 等关系型数据库，Cassandra、MongoDB、Redis 等 NoSQL 数据库。

（20）项目管理（PM）：Jira、Asana、Taiga、Trello、Basecamp、Pivotal Tracker。

5.6 DevOps 现状

DevOps 正在增长，尤其是在大企业中。调查发现，DevOps 的接受度有了显著提高。目前，DevOps 在大企业有 80%的接受度，中小企业的接受度仅为 70%。

采用 DevOps 的公司有 Adobe、Amazon、Apple、Airbnb、Ebay、Etsy、Facebook、LinkedIn、Netflix、NASA、Starbucks、Target（泛欧实时全额自动清算系统）、Walmart、Sony 等。

企业正在自下而上接受 DevOps，其中业务单位或部门（31%）、项目和团队（29%）已经实施了 DevOps。不过，只有 21%的大企业在整个公司范围内采用了 DevOps。

其次，在工具层面上，DevOps 工具的用量大幅激增。Chef 和 Puppet 依然是最常用的 DevOps 工具，使用率均为 32%。Docker 工具是使用率按年增长最快的工具，增长一倍以上。Ansible 的使用率也有显著增加，从 10%翻倍至 20%。

5.7 软件交付问题与改进

DevOps 没有出现之前，软件交付有很多问题。例如，对普通的开发工程师而言，第一要务是完成产品交付，其最终目标是保障编码、测试、部署过程的高效。80%的企业在软件交付的过程中并不顺畅，一般会遇到如下问题。

（1）研发流程混乱，经常出现代码错合、漏和、丢代码的现象。

（2）质量下降，最主要的原因是代码有 bug，线上环境交付不稳定，会有严重问题出现。

（3）测试环境不稳定。在做集成测试时需要有一套环境，若环境不稳定，开发测试工作会受到影响。

（4）团队之间沟通不畅，开发和开发之间、开发和测试之间没有统一规则或流程约定。

（5）一堆开源工具攒出来的开发工具链，不但提高了学习成本，还导致过程数据无法统一存储。

改进交付方式，要保证高效、持续的交付，可以从以下方面实施。

（1）需求的小批量流转，通过拆分让产品可以快速地交付，减少集成成本，一般单个需求不超过 1 周。

（2）一切自动化，不单是测试和部署，运维也需要自动化。

（3）内建质量，尽早地测试可以显著降低测试成本，保障交付流水线通畅，增强环境稳定性。

（4）每个人都为交付过程负责，开发人员的工作不仅是交给测试代码，还要负责代码上线，并确保各项功能数据都正常。

（5）研发过程数据、用户反馈数据对交付产品有非常大的价值，可以从中分析出目前还有哪些障碍阻止前进。

5.8　集成、交付、部署的区别

学习 DevOps 不能不了解持续集成、持续交付、持续部署的概念和区别，它们有利于更好地理解 DevOps 的整体环节。

1. 持续集成

软件开发项目中最稀缺的资源是时间。在有限的时间内，减少出错，提升开发效率，避免重复劳动，让机器代替人完成必要的工作这才是开发的意义所在。持续集成（Continuous Integration，CI）的出现就是为了解决这个问题。CI 可以把 Release Version（发布版本）、Code Review（代码审查）、Unit Test（单元测试）、Destribution（部署）等工作都集中到一起自动化执行。

每位开发人员通常每天至少集成一次工作，也就意味着一个产品的编码每天可能会发生多次集成。每次集成都通过自动化构建（包括编译、发布、自动化测试）验证，从而尽早地发现集成错误。

2. 持续交付

持续交付（Continuous Delivery，CD）是一种软件工程手法，让软件产品的开发过程在较短的周期内完成，以保证软件可以稳定、持续地保持在随时可以发布的状况。它的目标在于让软件的构建、测试与发布变得更快、更频繁。这种方式可以减少软件开发的成本与时间，减少风险。

持续交付是建立在持续集成的基础上，将集成后的代码部署到更贴近真实运行环境的“类生产环境（production-like environments）”中。持续交付优先于整个产品生命周期的软件部署，建立在高水平自动化持续集成之上。

3. 持续部署

持续部署（Continuous Destribution，CD）是指当交付的代码通过评审之后，自动部署到生产环境中，持续部署是持续交付的最高阶段。这意味着，所有通过了一系列自动化测试的改动都将自动部署到生产环境。CD 也被称为 Continuous Release。

企业产品交付过程中，从开发到部署流程分为以下几个阶段：编码→构建→集成→测试→交付→部署。

持续集成、持续交付和持续部署有着不同的软件自动化交付周期，如图 5-6 所示。

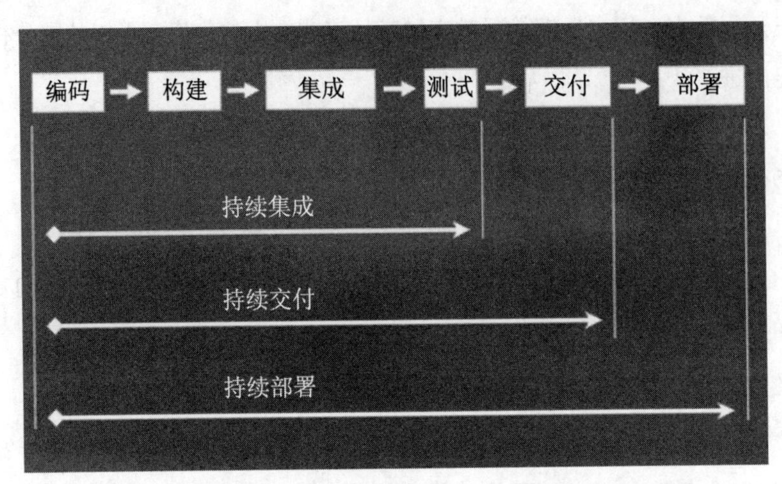

图 5-6 持续集成、持续交付和持续部署的自动化交付周期

5.9 DevOps 最佳实战

在很长一段时间内，开发和运维就像一个硬币的两面，分工清晰，协同较少。然而现代的软件开发、部署越来越多地采用分布式架构、集群环境，这就使开发人员同运维人员的工作出现了必要的交集，双方需要紧密协作才能确保应用的正常运行。随着越来越多的企业 IT 部门的团队在项目中采用敏捷过程进行应用的迭代开发，DevOps 流程和工具集的集成应用将不仅帮助团队有效地提升产品代码质量，同时大大提高了交付速度。

DevOps 从简单的服务器创建、各类应用系统部署、自动化测试、持续监控、动态伸缩等自动化工具集成，到先进高效的敏捷交付方法论、最佳实践的采用，最大限度地自动化研发团队、系统运维团队成员的互动协作。

（1）开发人员的需求。

① 持续修订代码、快速修复缺陷。

② 快速响应需求、加快产品交付。

（2）运维人员的需求。

① 减少频繁更新，确保应用持续稳定运行。

② 自动化基础设置配置管理，持续监控告警。

③ 提供可以自助的应用部署服务。

（3）不同的需求导致的冲突。

① 需要改变：软件开发就是一个变化的过程（新功能、缺陷修复），业务要求快速变化迭代。

② 惧怕改变：一旦软件部署到生产环境，应确保其稳定运行，避免变动。

DevOps 连接软件开发和运维，同时有效地减少了两个关键角色需求的冲突，搭建了双方协同的桥梁。DevOps 不是一种方法学，也不是一种框架，而是一个打破封闭孤立、体现自动协同的原则。

自动化是整个 DevOps 实现的核心，对应产品生命周期的每个阶段都可以选择开源工具框架或商业产品。将 DevOps 工具集环境作为整体服务交付是一件非常有挑战的事情。不同阶段的工具使用不同的编程语言开发，需要不同的运行环境（OS、数据库、中间件服务器等）。

DevOps 最佳实战工具集如下所述。

（1）操作系统（Operating Systems）：Linux（RHEL、CentOS、Ubuntu、CoreOS）、UNIX（Solaris、AIX、HP/UX 等）、Windows、macOS X。

（2）基础设施平台（Infrastructure as a Service，IaaS）：Amazon Web Services、Azure、OpenStack、Aliyun。

（3）虚拟环境（Virtualization Platforms）：VMware、VirtualBox、Vagrant。

（4）容器工具（Containerization Tools）：Docker、Rocket、Kubernetes。

（5）Linux 操作系统安装（Linux OS Installation）：Kickstart、Cobbler、Stacki、Foreman。

（6）配置管理（Configuration Management）：Ansible、Puppet、Chef、SaltStack。

（7）打包和构建系统（Compile and Build Systems）：Gradle、Maven、Ant。

（8）集成系统（Integration System）：Jenkins、Hudson、Bamboo。

（9）应用服务器（Application Servers）：JBoss、Tomcat、Jetty、Glassfish、Weblogic。

（10）Web 服务器（Web Servers）：Nginx、Apache。

（11）队列服务（Queues）和缓存（Caches）：ActiveMQ、RabbitMQ；Memcache。

（12）数据库（Databases）：Percona Server、MySQL、PostgreSQL、MongoDB、Cassandra、Redis、

Oracle、MS SQL。

（13）监视、告警和趋势（Monitoring）、（Alerting）、（Trending）：Nagios、Graphite、Ganglia、Cacti、PagerDuty。

（14）记录（Logging）：PaperTrail、Logstash、Loggly、ELK、Splunk。

（15）过程管理（Process Supervisors）：Monit、Runit、Supervisor、God。

（16）安全（Security）：Snorby Threat Stack、Tripwire、Snort。

（17）杂项工具（Miscellaneous Tools）：Multihost SSH Wrapper、Code Climate。

5.10 Jenkins 持续集成落地

持续集成是一种软件开发实践，为提高软件开发效率并保障软件开发质量提供了理论基础。持续集成的意义如下。

（1）持续集成中的任何一个环节都是自动完成的，无须太多的人工干预，有利于减少重复过程，节省时间、费用和工作量。

（2）持续集成保障了每个时间点上团队成员提交的代码是能成功集成的。换言之，任何时间点都能第一时间发现软件的集成问题，使任意时间发布可部署的软件成为了可能。

（3）持续集成还能利用软件本身的发展趋势，这点在需求不明确或是频繁性变更的情景中尤其重要，持续集成的质量能帮助团队进行有效决策，同时建立团队对开发产品的信心。

5.11 Jenkins 持续集成组件

（1）自动构建过程 Job，Job 的功能主要是获取 SVN/GIT 源码、自动编译、自动打包、部署分发和自动测试等。

（2）源代码存储库，开发编写代码需上传至 SVN、GIT 代码库中，供 Jenkins 获取。

（3）Jenkins 持续集成服务器，用于部署 Jenkins UI、存放 Job 工程、各种插件、编译打包的数据等。

5.12 Jenkins 平台安装部署

从官网（http://mirrors.jenkins-ci.org/）下载稳定的 Jenkins 版本。由于 Jenkins 是基于 Java 开

发的持续集成工具，所以 Jenkins 服务器需要安装 JDK。Jenkins 平台搭建步骤如下。

（1）下载 Jenkins 稳定版，链接如下：

```
https://mirrors.tuna.tsinghua.edu.cn/jenkins/war/2.260/jenkins.war
```

（2）从官网下载 JDK 并解压安装，然后在 vi /etc/profile 文件中添加以下代码：

```
export JAVA_HOME=/usr/java/jdk1.8.0_131
export CLASSPATH=$CLASSPATH:$JAVA_HOME/lib:$JAVA_HOME/jre/lib
export PATH=$JAVA_HOME/bin:$JAVA_HOME/jre/bin:$PATH
```

（3）配置 Java 环境变量，在/etc/profile 配置文件的末尾加入以下代码：

```
export JAVA_HOME=/usr/java/jdk1.8.0_131
export CLASSPATH=$CLASSPATH:$JAVA_HOME/lib:$JAVA_HOME/jre/lib
export PATH=$JAVA_HOME/bin:$JAVA_HOME/jre/bin:$PATH:$HOME/bin
```

（4）使环境变量生效，并查看环境变量，命令如下：

```
source /etc/profile
java  --version
```

（5）配置 Tomcat 容器的 Java 环境，命令如下：

```
wget https://dlcdn.apache.org/tomcat/tomcat-8/v8.5.72/bin/apache-tomcat-
8.5.72.tar.gz
tar  xzf  apache-tomcat-8.5.72.tar.gz
mv  apache-tomcat-8.5.72   /usr/local/tomcat
```

（6）使用 Tomcat 发布 Jenkins，将 Jenkins war 复制至 Tomcat 默认发布目录，并使用 Jar 工具解压。然后启动 Tomcat 服务，命令如下：

```
rm    -rf  /usr/local/tomcat/webapps/*
mkdir  -p /usr/local/tomcat/webapps/ROOT/
mv    jenkins.war  /usr/local/tomcat/webapps/ROOT/
cd    /usr/local/tomcat/webapps/ROOT/
jar    -xvf  jenkins.war; rm -rf  Jenkins.war
sh    /usr/local/tomcat/bin/startup.sh
```

（7）如果安装的是新版，则会提示 Jenkins 已经离线，如图 5-7 所示。

解决 Jenkins 实例离线问题的方法如下。

（1）修改/root/.jenkins/updates/default.json 文件。

Jenkins 在安装插件时需要检查网络，默认是访问 www.google.com，国内服务器连接比较慢，可以改成国内的地址作为测试连接地址，此处改为 www.baidu.com。

```
{"connectionCheckUrl":"http://www.baidu.com/"
```

离线

该Jenkins实例似乎已离线。

参考 离线Jenkins安装文档了解未接入互联网时安装Jenkins的更多信息。

可以通过配置一个代理或跳过插件安装来选择继续。

配置代理　跳过插件安装

图 5-7　Jenkins 实例离线

（2）修改 /root/.jenkins/hudson.model.UpdateCenter.xml 文件。

该文件默认为 Jenkins 下载插件的源地址（https://updates.jenkins.io/update-center.json），因为 https 连接慢，所以此处改为 http。

```
<url>http://updates.jenkins.io/update-center.json</url>
```

（3）重启 Jenkins 所在 Tomcat 服务，命令如下：

```
/usr/local/tomcat/bin/shutdown.sh
/usr/local/tomcat/bin/startup.sh
```

（4）通过客户端浏览器访问 Jenkins 服务器 IP 地址，如图 5-8 所示。

图 5-8　访问 Jenkins 服务器 IP 地址

5.13 Jenkins 相关概念

要熟练掌握 Jenkins 持续集成的配置、使用和管理，需要了解相关的概念，如代码开发、编译、打包、构建等，常用与工具有关的概念包括 Make、Ant、Maven、Eclipse、Jenkins 等。

（1）Make 编译工具。

Make 是 Linux 和 Windows 最原始的编译工具，Linux 对应的工具为 make，Windows 下对应的工具为 nmake。本地有个 makefile 文件，该文件决定了源文件之间的依赖关系，Make 负责根据 makefile 文件组织构建软件，负责指挥编译器如何编译、连接器如何连接，以及最后生成二进制的代码。

（2）Ant 编译工具。

Make 工具在编译比较复杂的工程时不占优势，语法很难理解，所以延伸出了 Ant 工具。Ant 工具属于 Apache 基金会软件成员之一，是一个将软件编译、测试、部署等步骤联系在一起，并加以自动化的工具，大多用于 Java 环境中的软件开发。

Ant 构建文件是 XML 文件，每个构建文件定义唯一的项目（<Project>元素）。每个项目下可以定义很多目标元素，这些目标之间可以有依赖关系。当构建一个新项目时，首先应该编写 Ant 构建文件。因为构建文件定义了构建过程，并为团队开发中每个人所用。

Ant 构建文件默认名称为 build.xml，可以自定义名称，只要在运行时把这个名称当作参数传给 Ant 即可。构建文件可以放在任意位置，一般做法是放在项目顶层目录，即根目录，以保持项目的简洁和清晰。

（3）Maven 编译工具。

Maven 工具是对 Ant 工具的进一步改进。在 Make 工具中，如果要编译某些源文件，首先要安装编译器等工具，有时候甚至需要安装不同版本的编译器。在 Java 编译器中需要不同的包的支持，需要把每个包都下载下来，在 makefile 文件中配置，当需要的包非常多时，将很难管理。

Maven 与 Ant 类似，也是构建工具。它如何调用各种不同的编译器、连接器呢？通过使用 Maven plugin（Maven 插件），Maven 项目对象模型（Project Object Model，POM）可以通过一小段描述信息管理项目的构建，是报告和文档的软件项目管理工具。Maven 除了有程序构建能力，还提供高级项目管理工具。

在 Maven 中，构建的 Project 不仅是一堆包含代码的文件，还包含 pom.xml 等配置文件，该文件包括 Project 与开发者有关的缺陷跟踪系统、组织与许可、项目的 URL、项目依赖，以及其他配置。

在基于 Maven 构建项目时，Project 中可以什么都没有，甚至没有代码，但是必须有 pom.xml 文件。由于 Maven 的缺省构建规则有较高的可重用性，所以常常用两三行 Maven 构建脚本就可以构建简单的项目。

由于 Maven 的面向项目的方法，许多 Apache Jakarta 项目发布时使用 Maven，且公司项目采用 Maven 的比例在持续增长。

（4）Jenkins 框架工具。

Maven 可以对软件代码进行编译、打包、测试，功能已经很强大了，那为什么还需要 Jenkins 呢？Maven 可以控制编译、控制连接、生成各种报告、进行代码测试，但是默认不能控制完整的流程。是先编译还是先连接？是先进行代码测试，还是先生成报告？Jenkins 是基于 Java 开发的持续集成工具，可以将各个组件、模块整合起来，控制 Maven 实现业务自动编译、打包、测试等。

（5）Eclipse 工具。

Eclipse 是一个开放源代码的、基于 Java 的可扩展开发平台。它只是一个框架和一组服务，用于通过插件构建开发环境。Eclipse 附带了一个标准的插件集，包括 JDK，用于开发网站代码。

5.14 Jenkins 平台设置

Jenkins 平台部署完毕，需要进行简单配置，如配置 Java 环境、安装 Maven、指定 SVN 和 GIT 仓库地址等。Java 环境配置、Maven 安装和设置步骤如下所述。

（1）为 Jenkins 平台安装 Maven。

```
wget
http://mirrors.tuna.tsinghua.edu.cn/apache/maven/maven-3/3.3.9/binaries
/apache-maven-3.3.9-bin.tar.gz
tar -xzf  apache-maven-3.3.9-bin.tar.gz
mv  apache-maven-3.3.9   /usr/maven/
```

（2）为 Jenkins 平台设置环境变量，如图 5-9 所示。

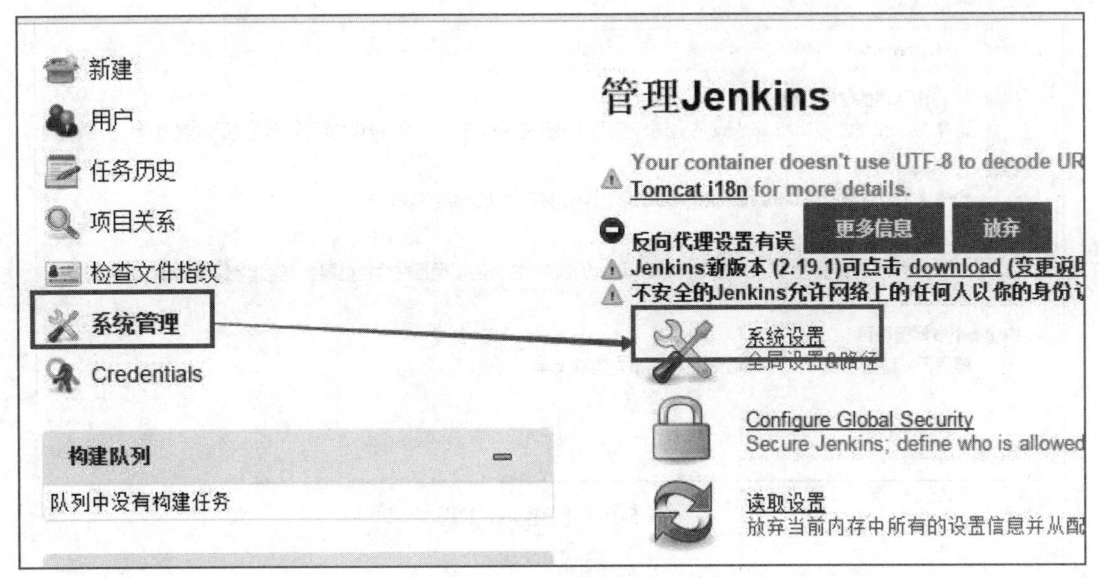

（a）系统管理页面

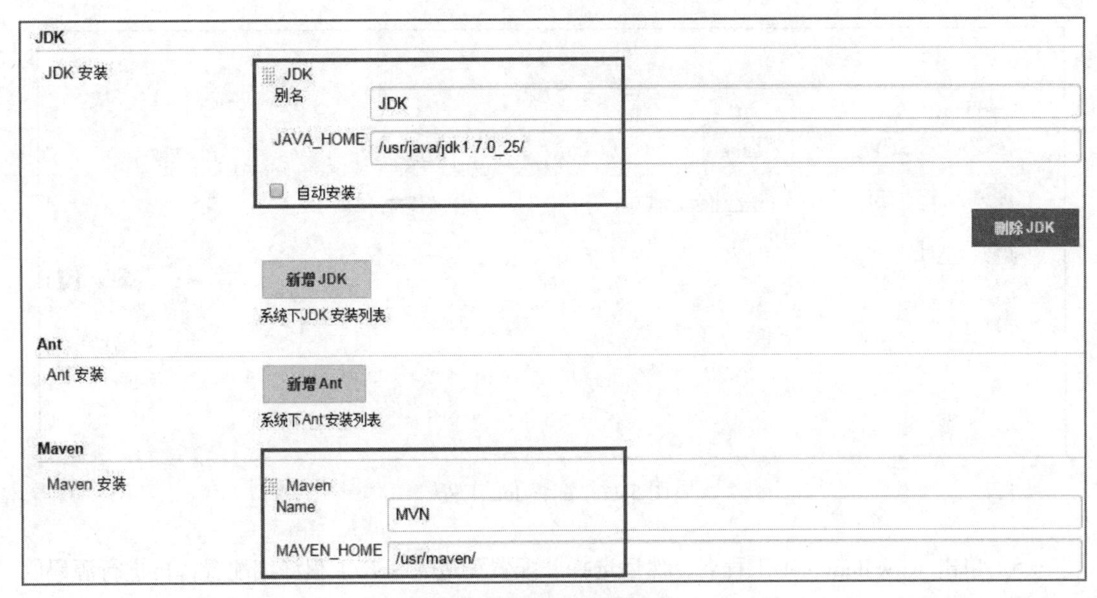

（b）设置环境变量页面

图 5-9　为 Jenkins 平台设置环境变量

（3）Jenkins 平台配置完毕，需创建 Job 工程。

进入 Jenkins 平台首页然后创建一个新任务，填入 Item 名称，构建一个 Maven 项目，再单击 OK 按钮，如图 5-10 所示。

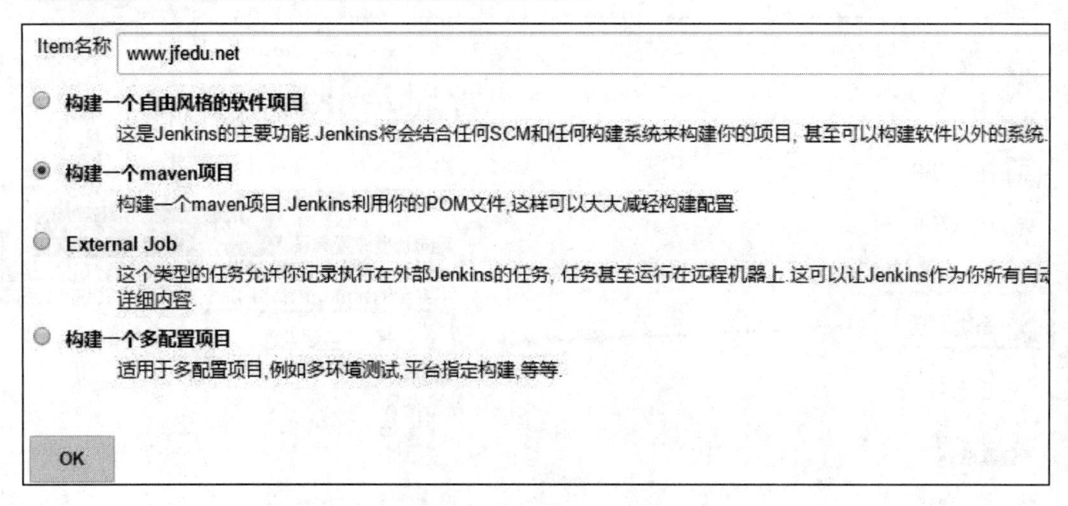

图 5-10 创建 Job 工程

（4）对 Job 进行配置，如图 5-11 所示。

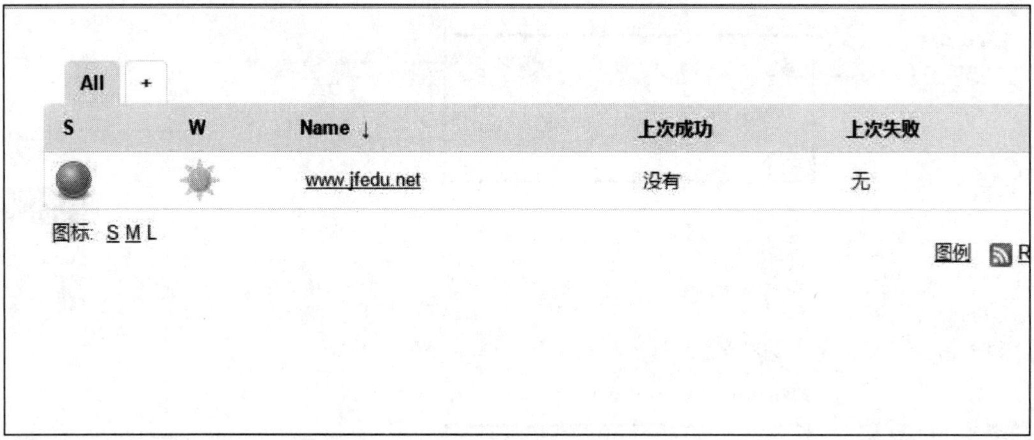

All +
S W Name ↓ 上次成功 上次失败
www.jfedu.net 没有 无
图标: S M L
图例

图 5-11 配置 Job 工程

（5）单击 www.jfedu.net 工程名，然后选择“配置”进入 Job 工程详细配置，再进行源码管理，选择 Subversion，配置 SVN 仓库地址，如果报错，需要输入 SVN 用户名和密码。图 5-12 所示为配置 SVN 仓库地址的页面。

源码管理中的 SVN 代码迁出参数详解如下。

- Repository URL：配置 SVN 仓库地址。
- Local module directory：存储 SVN 源码的路径。
- Ignore externals：忽略额外参数。

- Check-out Strategy：代码检出策略。
- Repository browser：仓库浏览器，默认为 Auto。
- add more locations：源码管理，允许下载多个地址的代码。
- Repository depth：获取 SVN 源码的目录深度，默认为 infinity。其中，empty 表示不检出项目的任何文件；files 表示所有文件；immediates 表示目录第一级；infinity 表示整个目录所有文件。

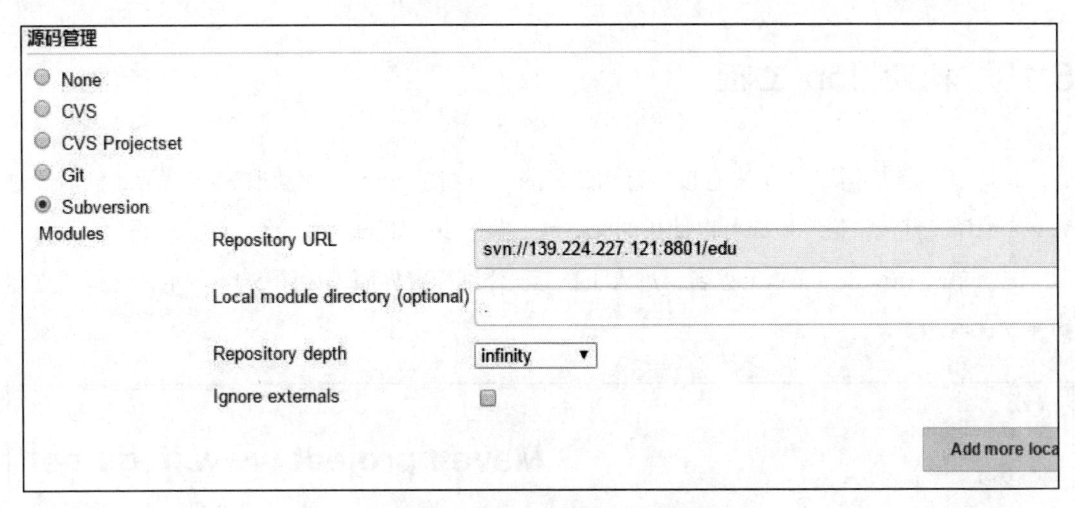

图 5-12　配置 SVN 仓库地址页面

（6）配置 Maven 编译参数，执行 Build→Goals and options 操作，在 Goals and options 文本框中输入 clean install -Dmaven.test.skip=true，此处为 Maven 自动编译、打包并跳过单元测试选项，如图 5-13 所示。

Pre Steps
Add pre-build step
Build
Root POM　pom.xml
Goals and options　clean install -Dmaven.test.skip=true
高级...
Post Steps
Run only if build succeeds　Run only if build succeeds or is unstable　Run regardless of build result
Should the post-build steps run only for successful builds, etc.
Add post-build step

图 5-13　配置 Maven 编译参数

Maven 工具常用命令如下。

mvn clean：打包清理（删除 target 目录内容）。

mvn compile：编译项目。

mvn package：打包发布。

clean install-Dmaven.test.skip=ture：打包时跳过测试。

以上步骤完成了 Job 工程的创建。

5.15 构建 Job 工程

Job 工程创建完毕，接下来直接运行构建，Jenkins 将从 SVN 仓库获取 SVN 代码，然后通过 Maven 编译、打包，最终生成可以使用的 war 包。操作步骤如下：

（1）单击 www.jfedu.net 工程名，进入 Job 工程详细配置界面，如图 5-14 所示，选择“立即构建”选项。

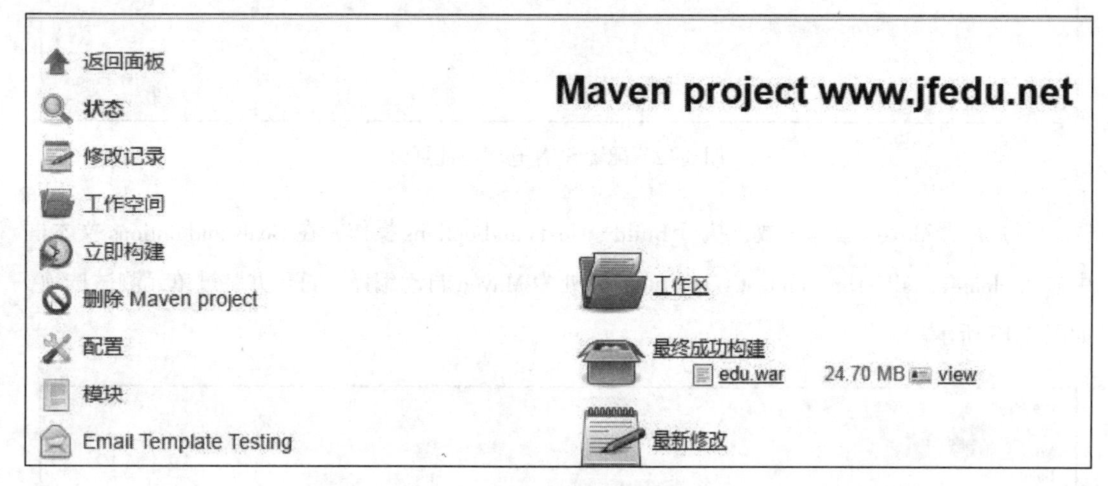

图 5-14 Job 工程详细配置界面

（2）查看 Build History，单击最新一次百分比滚动条任务，如图 5-15 所示。

（3）进入 Job 工程详细编译界面，选择 Console Output 选项，如图 5-16 所示。

（4）查看 Jenkins 构建的实时日志，如图 5-17 所示。

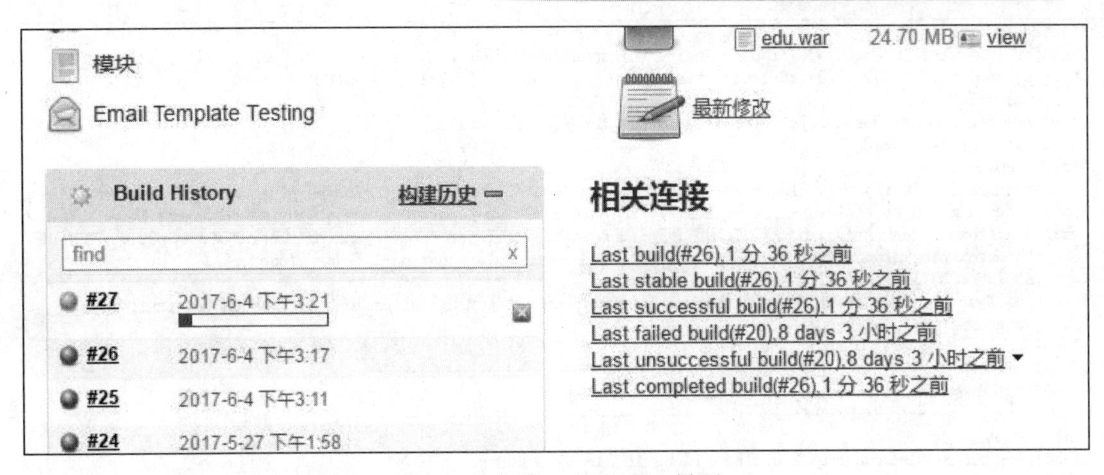

图 5-15　查看 Build History 界面

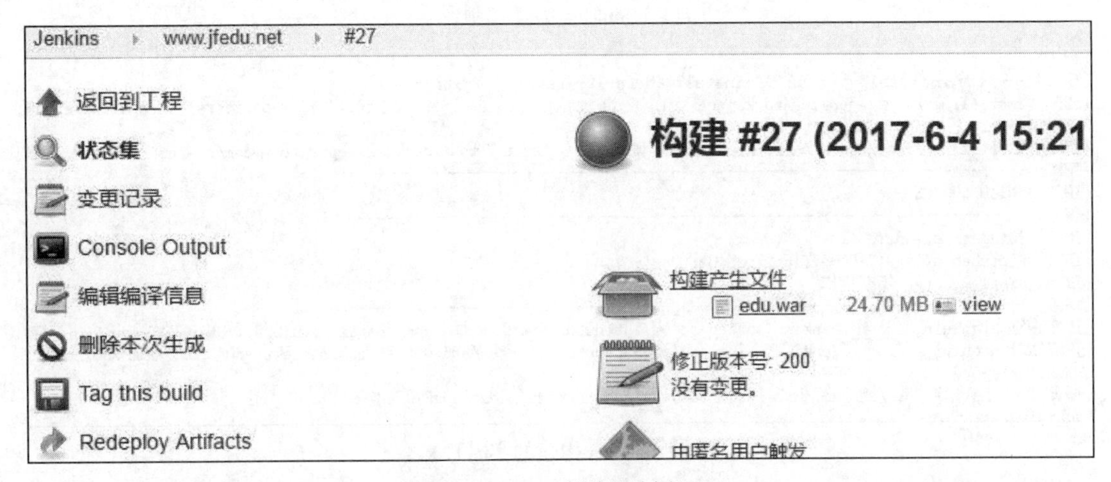

图 5-16　Job 工程详细编译界面

控制台日志中打印出 Finished: SUCCESS，表示 Jenkins 持续集成构建完成，会在 Jenkins 服务器目录 www.jfedu.net 的工程名目录下生成网站可用的 war 文件，war 路径为/root/.jenkins/workspace/www.jfedu.net/target/edu.war。

至此，Jenkins 持续集成平台自动构建软件完成，该步骤只是生成了 war 包，并没有实现自动将该 war 包部署至其他服务器。如果要实现自动部署，需要基于 Jenkins 插件或基于 Shell、Python 语言等编写的自动化部署脚本。

```
Started by user anonymous
Building on master in workspace /root/.jenkins/workspace/www.jfedu.net
Updating svn://139.224.227.121:8801/edu at revision '2017-06-04T15:17:11.704 +0800'
At revision 200
no change for svn://139.224.227.121:8801/edu since the previous build
No emails were triggered.
Parsing POMs
[www.jfedu.net] $ /usr/java/jdk1.8.0_131//bin/java -cp /root/.jenkins/plugins/maven-plugin/WEB-INF/lib/maven31-ag
1.5.jar:/data/maven/boot/plexus-classworlds-2.5.2.jar:/data/maven/conf/logging jenkins.maven3.agent.Maven31Main /
/usr/local/tomcat_jenkins/webapps/ROOT/WEB-INF/lib/remoting-2.57.jar /root/.jenkins/plugins/maven-plugin/WEB-INF/
/root/.jenkins/plugins/maven-plugin/WEB-INF/lib/maven3-interceptor-commons-1.5.jar 27365
<===[JENKINS REMOTING CAPACITY]===>channel started
Executing Maven:  -B -f /root/.jenkins/workspace/www.jfedu.net/pom.xml clean install -Dmaven.test.skip=true
[INFO] Scanning for projects...
[INFO]
[INFO] ------------------------------------------------------------------------
[INFO] Building edu Maven Webapp 0.0.1-SNAPSHOT
[INFO] ------------------------------------------------------------------------
[INFO]
[INFO] --- maven-clean-plugin:2.5:clean (default-clean) @ edu ---
[INFO] Deleting /root/.jenkins/workspace/www.jfedu.net/target
```

（a）Jenkins 编译控制台

```
[INFO] --- maven-install-plugin:2.4:install (default-install) @ edu ---
[INFO] Installing /root/.jenkins/workspace/www.jfedu.net/target/edu.war to /root/.m2/repository/com/shareku/edu/0
SNAPSHOT.war
[INFO] Installing /root/.jenkins/workspace/www.jfedu.net/pom.xml to /root/.m2/repository/com/shareku/edu/0.0.1-SN
[INFO] ------------------------------------------------------------------------
[INFO] BUILD SUCCESS
[INFO] ------------------------------------------------------------------------
[INFO] Total time: 13.733 s
[INFO] Finished at: 2017-06-04T15:17:35+08:00
[INFO] Final Memory: 25M/171M
[INFO] ------------------------------------------------------------------------
[JENKINS] Archiving /root/.jenkins/workspace/www.jfedu.net/pom.xml to com.shareku/edu/0.0.1-SNAPSHOT/edu-0.0.1-SN
[JENKINS] Archiving /root/.jenkins/workspace/www.jfedu.net/target/edu.war to com.shareku/edu/0.0.1-SNAPSHOT/edu-0
channel stopped
[www.jfedu.net] $ /bin/sh -xe /usr/local/tomcat_jenkins/temp/hudson6629705887694115145.sh
```

（b）Jenkins 构建的实时日志

图 5-17　查看 Jenkins 构建的实时日志

第 6 章

部署流水线与 DevOps 主流工具

6.1 部署流水线简介

1769 年，英国人乔赛亚 · 韦奇伍德在开办的埃特鲁利亚陶瓷工厂内实行精细的劳动分工，他把原来由一个人从头到尾完成的制陶流程分成几十道工序，分别由专人完成。这样一来，原来意义上的“制陶工”就不复存在了，存在的只是挖泥工、运泥工、扮土工、制坯工等，制陶工匠变成了制陶工场的工人，他们必须按固定的工作节奏劳动，服从统一的劳动管理。

而今天所需的流水线是以企业产品交付为前提部署，是通过小批量代码交付，在不同环境中通过不同层级的自动化测试与探索性测试，快速进行验证，同时持续将成功验证的变更部署到下一环境，从而在 DTAP（开发、测试、验收、生产）不同环境中形成自动化的测试和部署节奏。网站程序的上线一般要经过开发（Development）、测试（Testing）、验收（Acceptance）、生产（Production），所以叫作 DTAP，对应开发环境、测试环境、验收环境、生产环境。

实现部署流水线需要版本管理、自动化测试、持续集成、自动化部署、环境管理，以及松耦合架构等的协调统一。以下为流水线各个阶段。

（1）代码提交阶段：单元测试、代码分析。

（2）自动化验收测试阶段：功能与非功能测试。

（3）手动测试阶段：对自动化测试的补充，探索性测试、集成测试等。

（4）发布阶段：部署到生产环境或试运行环境。

6.2 最基本的部署流水线

随着互联网技术的飞速发展，企业业务系统不断增加，部署流水线的理念也受到更多 IT 人员的青睐，最基本的部署流水线如图 6-1 所示。

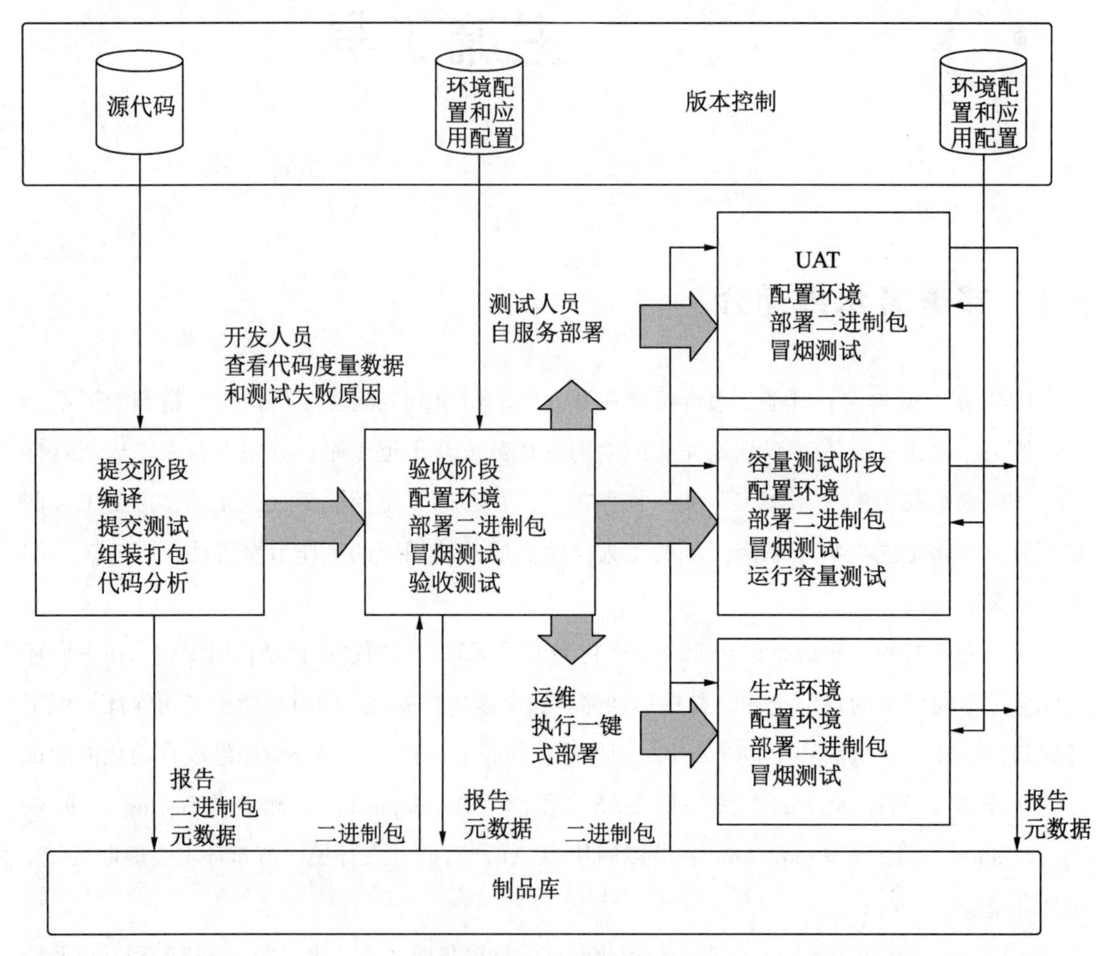

图 6-1 最基本的部署流水线

6.3 部署流水线的相关实践

（1）只生成一次二进制包。

对于不需要编译的语言，二进制包指的是所有源文件的集合。这些二进制包应保存在文件系统的某个位置，让流水线后续阶段能够轻松访问到，但不要放在版本控制库中。二进制包应与环境无关。

（2）对不同环境采用同一部署方式。

使用属性文件保存配置信息。比如分别为每个环境保存一个属性文件，并将其放在版本控制库中。部署时，通过本地服务器的主机名查找正确的配置，如果环境中有多台服务器，可以将环境变量提供给部署脚本。

（3）对部署进行冒烟测试。

当部署应用程序时，应该用一个自动化脚本做冒烟测试。冒烟测试的流程是：启动用户程序→检查主页面→检查应用程序所依赖的服务，如数据库、消息队列等。

（4）向生产环境的副本中部署。

如果预算充足，可以建立与生产环境一样的环境副本。

（5）每次变更都要立即在流水线中传递。

对于一些特殊情况，验收测试是比较耗时的，版本在验收测试时可能会产生冲突，这时可以在单元测试结束时，将最近还没构建的所有变更全部拿来进行构建。

（6）只要有环节失败，就停止整个流水线。

6.3.1　提交阶段

该阶段可分为以下几部分。

（1）编译代码。

（2）运行一套提交测试（单元测试、容易失败的特定测试）。

（3）为后续阶段创建二进制包。

（4）执行代码分析检查代码的健康状况。

（5）为后续阶段准备工作，比如准备后续测试所用的数据库。

6.3.2　自动化验收测试之门

每次提交后，应立即运行提交测试，提交阶段完成后，立即做验收测试。简单的验收测试为：运行代码查看主页。

尽管验收测试非常有价值，但它们的创建与维护成本也非常高，所以牢记不要把所有验收测试条件盲目地自动化。

6.3.3 发布准备

把发布环节视为部署流水线的一个自然结果。

（1）让参与项目交付过程的人共同创建维护一个发布计划。

（2）通过尽可能多的自动化过程使人为错误发生的可能性最小化。

（3）在类生产环境中经常做发布流程演练。

（4）如果事情并没有按计划执行，要有撤销本次发布的能力。

（5）作为升级和撤销过程的一部分，制定配置迁移和数据迁移策略。

6.3.4 自动部署与发布

（1）在具有代表性环境上执行自动化验收测试套件。

（2）对生产环境的任何修改都应该通过自动化过程完成（程序的部署、配置、软件栈、网络拓扑、状态的所有修改）。

（3）管理生产环境的流程，也应用于测试环境。

（4）使用虚拟化技术，最佳配置管理，降低成本。

6.3.5 变更的撤销策略

变更的撤销策略有以下两个。

（1）让旧版本仍旧处于可用状态，保持一段时间。

（2）从头部署旧版本。

6.3.6 实现一个部署流水线

（1）对价值流建模，创建一个可工作的简单框架。

（2）将构建和部署流程自动化。

（3）将单元测试和代码分析自动化。

（4）将验收测试自动化。

（5）将发布自动化。

注意以下几点：

（1）增量实现整个流水线，如果有手工操作部分，则记录开始和结束时间，想办法把它自动化。

（2）部署流水线是整个构建、部署、测试和发布流程中有效，也是最重要的统计数据来源。

（3）不断改进部署流水线。

6.3.7　度量

最重要的全局度量指标是流水线周期时间。用约束理论对流水线进行优化。

（1）识别系统中的约束。

（2）确保最大限度地提高流程中这部分的产出。

（3）根据这一约束调整其他环节的产出。

（4）为约束环节扩容，增加资源。

（5）理顺约束环节，找到下一个约束点。

6.4　部署流水线案例实战一

Jenkins Pipeline（简称 Pipeline）是一套插件，将持续交付的实现和实施集成到 Jenkins 中。持续交付 Pipeline 自动化地表达了这样一种流程：将基于版本控制管理的软件持续地交付到用户和消费者手中。

Jenkins Pipeline 提供了一套可扩展的工具，用于将“简单到复杂”的交付流程实现为“持续交付即代码”。Jenkins Pipeline 的定义通常被写入一个文本文件（称为 Jenkinsfile）中，该文件可以被放入项目的源代码控制库中。

Jenkins 本身并不是流水线，只创建一个新的 Jenkins 作业（并不能构建一条流水线）。可以把 Jenkins 看作一个控制器，在这里单击按钮即可。当单击按钮时会发生什么取决于遥控器要控制什么内容。

Jenkins 为其他应用程序的 API、软件库、构建工具等提供了一种插入 Jenkins 的方法，它可以执行并自动化任务。Jenkins 本身不执行任何功能，但是随着其他工具的加入而变得越来越强大。

理解流水线的最简单方法是将其阶段可视化，如图 6-2 所示。

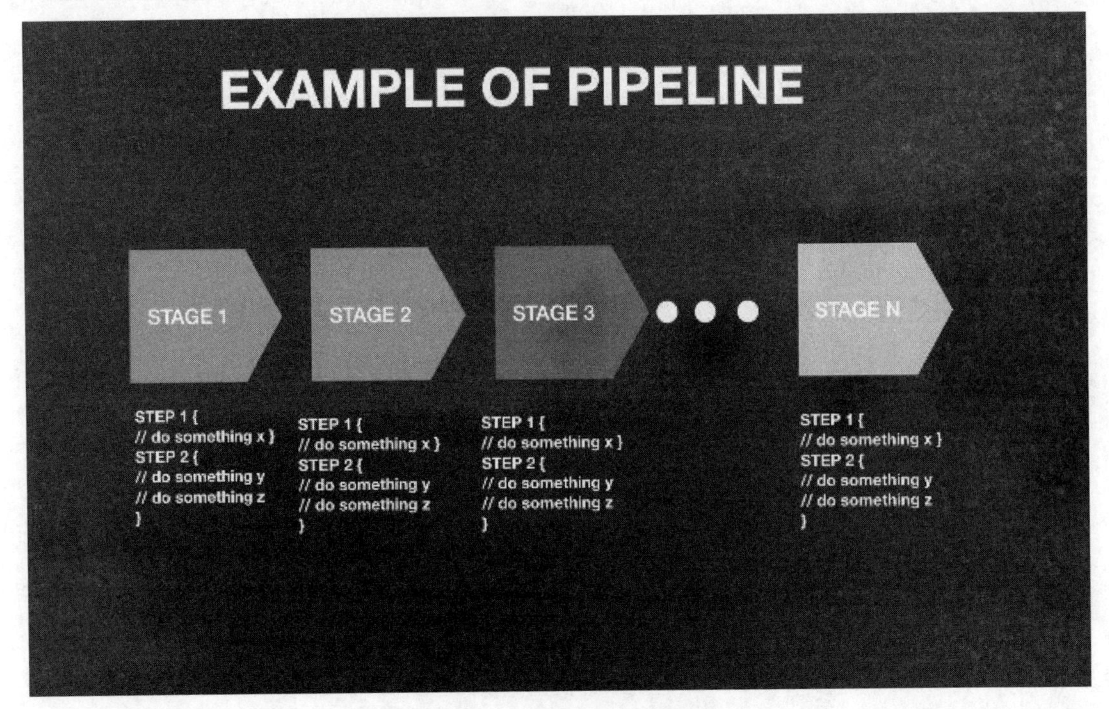

图 6-2　流水线工作结构图

从图 6-2 中可以看到两个熟悉的概念：STAGE 和 STEP。其中，STAGE 阶段表示一个包含一系列步骤的块。STAGE 块可以任意命名，用于可视化流水线过程。而 STEP 则是表明要做什么。STEP 定义在阶段块内。

图 6-2 中，STAGE1 可以命名为 "构建""收集信息" 及其他名称，其他 STAGE 块也可以采用类似的思路。"步骤" 指简单地列出要执行的内容，它可以是简单的打印命令（如 echo "Hello, World"）、程序执行命令（如 java HelloWorld）、shell 执行命令（如 chmod 755 Hello）等，只要能通过 Jenkins 环境识别或可执行命令即可。

Jenkins 流水线以脚本的形式提供，尽管可以使用不同的文件名，但通常称为 Jenkinsfile。Jenkins 流水线文件如下：

```
//Jenkins 流水线脚本示例
pipeline {
  stages {
    stage("Build") {
      steps {
          //将"Hello, Pipeline! "打印到控制台
```

```
            echo "Hello, Pipeline!"
            //编译一个 Java 文件。这需要 Jenkins 的 JDK 配置
            javac HelloWorld.java
            //执行编译好的名为 HelloWorld 的 Java 二进制文件。这需要 Jenkins 的 JDK
            //配置
            java HelloWorld
            //执行 Apache Maven 命令,然后打包。这需要 Jenkins 的 Apache Maven 配置
            mvn clean package ./HelloPackage
            //通过执行默认 Shell 命令,列出当前目录路径中的文件
            sh "ls -ltr"
        }
    }
  //如果想进一步定义,接下来的阶段……
}//阶段结束
}//流水线结束
```

从示例脚本很容易看到 Jenkins 流水线的结构。注意，默认情况下某些命令（如 java、javac 和 mvn）不可用，需要通过 Jenkins 进行安装和配置。

Jenkins 流水线是一种以定义的方式依次执行 Jenkins 作业的方法，将其编码并在多个块中进行结构化，这些块可以包含多个任务的步骤。

（1）新建一个任务，目标是打印 Hello world 提示信息，填写任务名称为 vv.jfedu.net，类型选择为流水线，如图 6-3 所示。

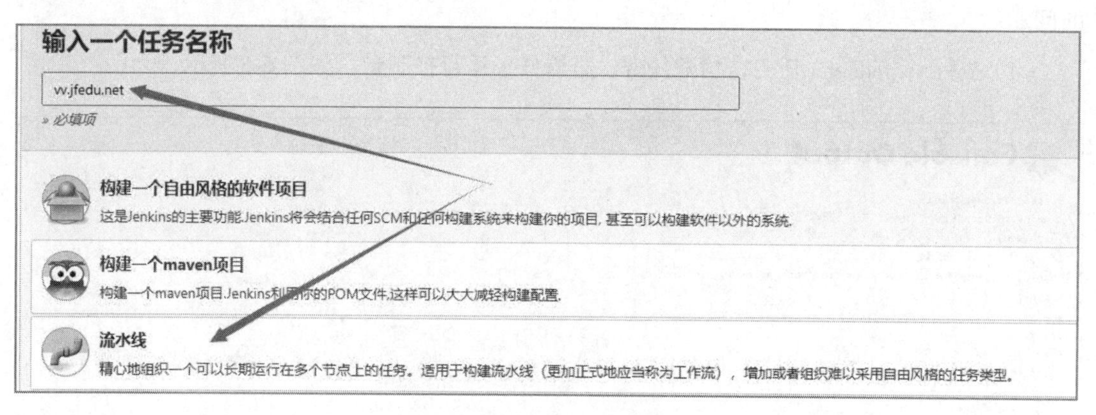

图 6-3　新建部署流水线任务

（2）打开任务，找到流水线脚本配置，填写如下代码，结果如图 6-4 所示。

```
pipeline {
```

```
    agent any
    stages {
        stage('Stage 1') {
            steps {
                echo 'Hello world!'
            }
        }
    }
}
```

流水线

定义 Pipeline script

脚本

```
1  pipeline {
2      agent any
3      stages {
4          stage('Stage 1') {
5              steps {
6                  echo 'Hello world!'
7              }
8          }
9      }
10 }
```

图 6-4　流水线脚本配置界面

（3）选择使用 Groovy 沙盒运行，Groovy 语法校验在脚本编写时能实时检查语法是否正确，类似 IDE 的功能，沙盒运行主要解决当系统嵌入 System.exit(0)时会导致整个应用停掉的问题。

（4）执行 vv.jfedu.net 任务，构建任务，查看任务运行控制台，如图 6-5 所示。

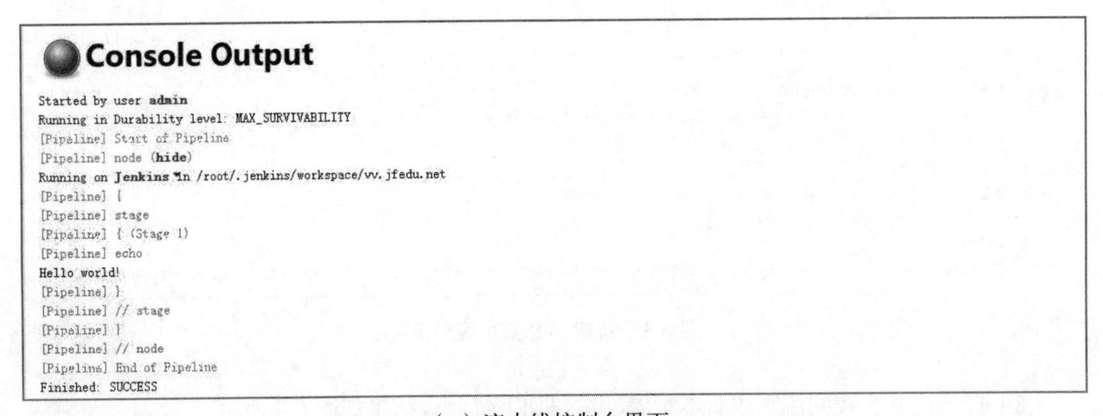

（a）流水线控制台界面

图 6-5　流水线控制台界面和阶段视图界面

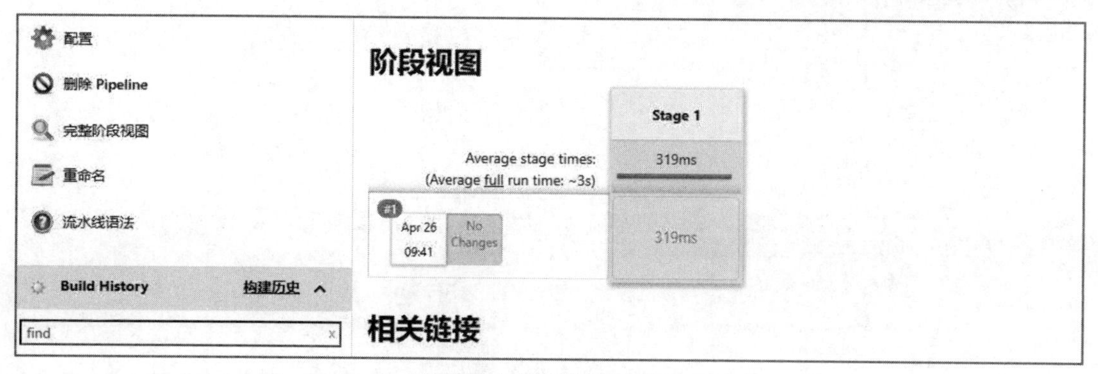

（b）流水线阶段视图界面

图 6-5　（续）

6.5　部署流水线案例实战二

（1）新建一个任务，目标是从 SVN 下载网站源代码文件，填写任务名称为 vv.jfedu.net，类型选择为流水线，如图 6-3 所示。

（2）打开任务，找到流水线脚本配置，填写如下代码，结果如图 6-6 所示。

```
pipeline {
agent any
//stages  流程节点的组合,包括多个 stage
stages {
   //某一个流水线节点
   stage('迁出代码') {
      //steps stage 中具体要做的事情
      steps {
      checkout([$class: 'SubversionSCM', additionalCredentials: [],
excludedCommitMessages: '', excludedRegions: '', excludedRevprop: '',
excludedUsers: '', filterChangelog: false, ignoreDirPropChanges: false,
includedRegions: '', locations: [[cancelProcessOnExternalsFail: true,
      credentialsId: '586c1254-bc5e-4b83-9bfc-5fd36da40c6c', depthOption:
'infinity', ignoreExternalsOption: true, local: '.',
      remote: 'svn://148.70.241.56:8801/edu']], quietOperation: true,
      workspaceUpdater: [$class: 'UpdateUpdater']]) }
   }
  }
}
```

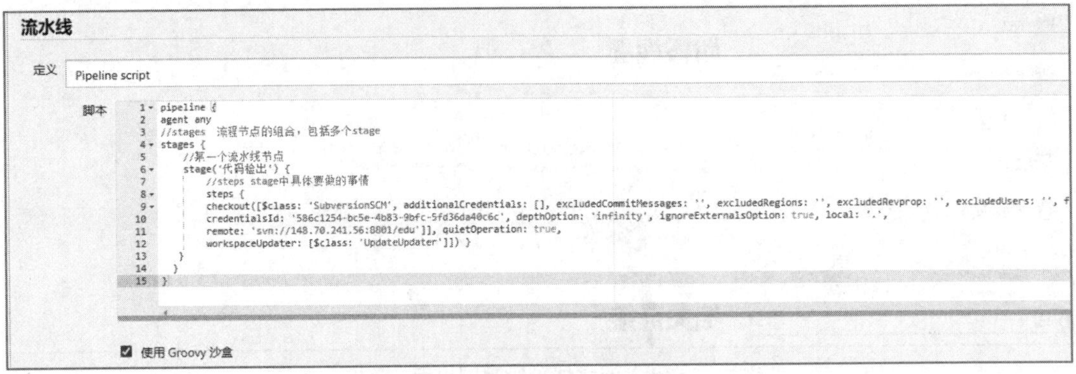

流水线

定义 Pipeline script

脚本

```
1  pipeline {
2  agent any
3  //stages  流程节点的组合，包括多个stage
4  stages {
5      //某一个流水线节点
6      stage('代码检出') {
7          //steps stage中具体要做的事情
8          steps {
9          checkout([$class: 'SubversionSCM', additionalCredentials: [], excludedCommitMessages: '', excludedRegions: '', excludedRevprop: '', excludedUsers: '', f
10         credentialsId: '586c1254-bc5e-4b83-9bfc-5fd36da40c6c', depthOption: 'infinity', ignoreExternalsOption: true, local: '.',
11         remote: 'svn://148.70.241.56:8801/edu']], quietOperation: true,
12         workspaceUpdater: [$class: 'UpdateUpdater']]) }
13     }
14   }
15 }
```

使用 Groovy 沙盒

图 6-6 流水线脚本配置界面

（3）选择使用 Groovy 沙盒运行，Groovy 语法校验在脚本编写时能实时检查语法是否正确，类似 IDE 的功能；沙盒运行主要解决当系统中嵌入 System.exit(0)时会导致整个应用停掉的问题。

（4）执行 vv.jfedu.net 任务，构建任务，查看任务运行控制台，如图 6-5 所示。

6.6 部署流水线案例实战三

（1）新建一个任务，目标是从 Git 下载网站源代码文件，填写任务名称为 vv.jfedu.net，类型选择为流水线，如图 6-3 所示。

（2）打开任务，找到流水线脚本配置，填写如下代码，结果如图 6-7 所示。

```
pipeline {
agent any
//stages  流程节点的组合,包括多个 stage
stages {
    //某一个流水线节点
    stage('迁出代码') {
        //steps stage 中具体要做的事情
        steps {
        git credentialsId: '04c4d1dc-da3f-4fd8-8a8c-a7f2003bf1ba', url:
'git@118.31.55.30:/data/jfedu.git'
    }
   }
 }
}
```

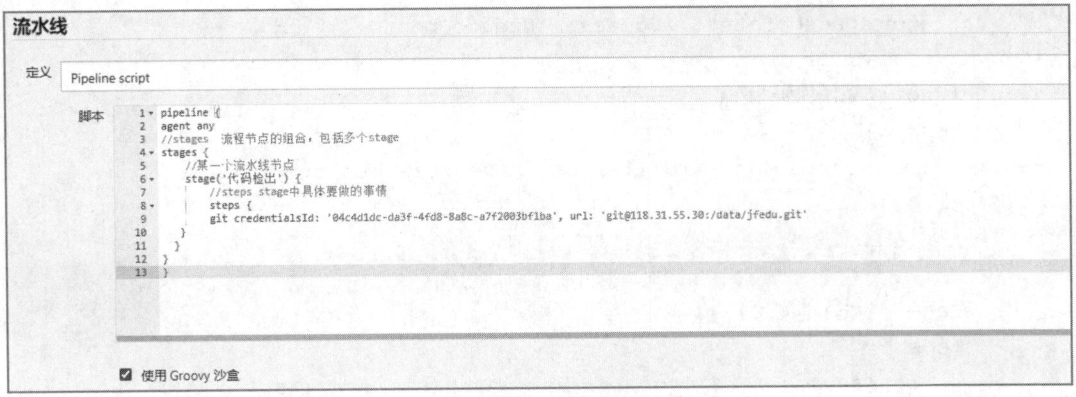

流水线

定义 Pipeline script

脚本

```
1  pipeline {
2  agent any
3  //stages  流程节点的组合，包括多个stage
4  stages {
5      //某一个流水线节点
6      stage('代码检出') {
7          //steps stage中具体要做的事情
8          steps {
9          git credentialsId: '04c4d1dc-da3f-4fd8-8a8c-a7f2003bf1ba', url: 'git@118.31.55.30:/data/jfedu.git'
10     }
11   }
12 }
13 }
```

使用 Groovy 沙盒

图 6-7　流水线脚本配置界面

（3）选择使用 Groovy 沙盒运行，Groovy 语法校验在脚本编写时能实时检查语法是否正确，类似 IDE 的功能；沙盒运行主要解决当系统中嵌入 System.exit(0)时会导致整个应用停掉的问题。

（4）执行 vv.jfedu.net 任务，构建任务，查看任务运行控制台，如图 6-5 所示。

6.7　部署流水线案例实战四

（1）新建一个任务，目标是下载源代码，通过 Maven 编译后打包，填写任务名称为 vv.jfedu.net，类型选择为流水线，如图 6-3 所示。

（2）打开任务，找到流水线脚本配置，填写如下代码，结果如图 6-8 所示。

```
pipeline {
agent any
//stages  流程节点的组合,包括多个 stage
stages {
    //某一个流水线节点
    stage('迁出代码') {
        //steps stage 中具体要做的事情
        steps {
        checkout([$class: 'SubversionSCM', additionalCredentials: [],
excludedCommitMessages: '', excludedRegions: '', excludedRevprop: '',
excludedUsers: '', filterChangelog: false, ignoreDirPropChanges: false,
includedRegions: '', locations: [[cancelProcessOnExternalsFail: true,
        credentialsId: '586c1254-bc5e-4b83-9bfc-5fd36da40c6c', depthOption:
'infinity', ignoreExternalsOption: true, local: '.',
        remote: 'svn://148.70.241.56:8801/edu']], quietOperation: true,
```

```
            workspaceUpdater: [$class: 'UpdateUpdater']]) }
        }
        stage ('编译代码') {
        steps {
            sh 'source /etc/profile;/usr/maven/bin/mvn compile'
        }
        }

        stage ('运行单测 ') {
        steps {
             sh 'source /etc/profile;/usr/maven/bin/mvn test'
        }
        }
        stage ('打包') {
        steps {
            sh 'source /etc/profile;/usr/maven/bin/mvn clean package -Dmaven.
test.skip=true'
        }
        }
    }
}
```

流水线

定义 Pipeline script

脚本

```
17        }
18        }
19
20        stage ('运行单测 ') {
21        steps {
22            sh 'source /etc/profile;/usr/maven/bin/mvn test'
23        }
24        }
25        stage ('打包') {
26        steps {
27            sh 'source /etc/profile;/usr/maven/bin/mvn clean package -Dmaven.test.skip=true'
28        }
29        }
30    }
31    }
32
```

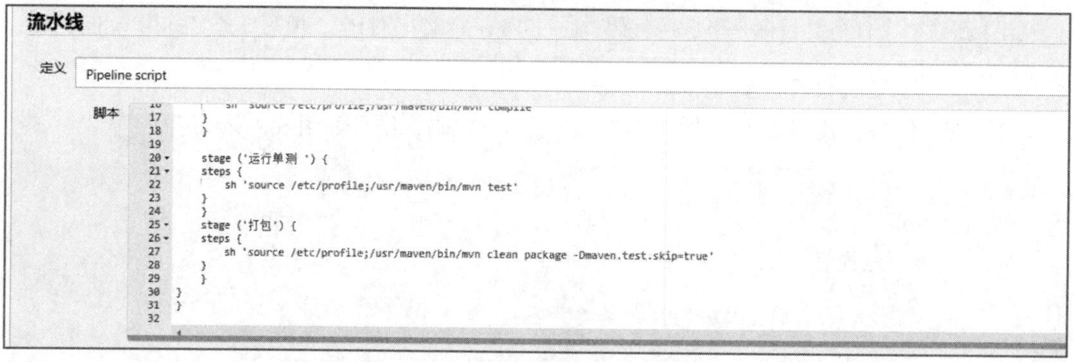

图 6-8 流水线脚本配置界面

（3）选择使用 Groovy 沙盒运行，Groovy 语法校验在脚本编写时能实时检查语法是否正确，类似 IDE 的功能；沙盒运行主要解决当系统中嵌入 System.exit(0)时会导致整个应用停掉的问题。

（4）执行 vv.jfedu.net 任务，构建任务，查看任务运行控制台，如图 6-9 所示。

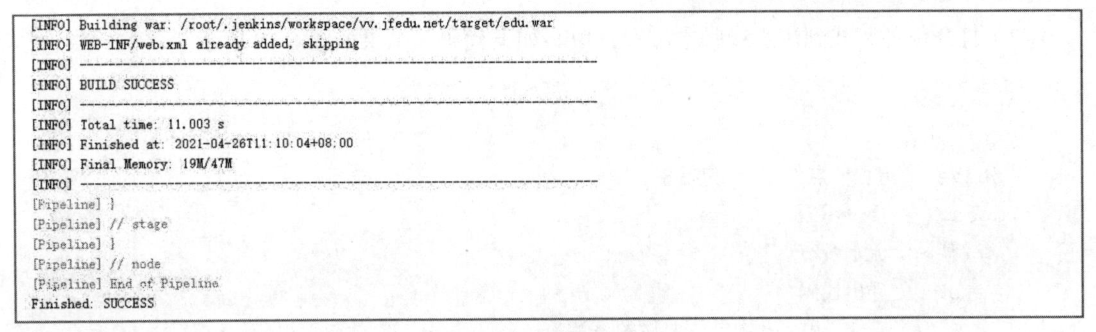

```
[INFO] Building war: /root/.jenkins/workspace/vv.jfedu.net/target/edu.war
[INFO] WEB-INF/web.xml already added, skipping
[INFO] ------------------------------------------------------------------------
[INFO] BUILD SUCCESS
[INFO] ------------------------------------------------------------------------
[INFO] Total time: 11.003 s
[INFO] Finished at: 2021-04-26T11:10:04+08:00
[INFO] Final Memory: 19M/47M
[INFO] ------------------------------------------------------------------------
[Pipeline] }
[Pipeline] // stage
[Pipeline] }
[Pipeline] // node
[Pipeline] End of Pipeline
Finished: SUCCESS
```

（a）流水线控制台界面

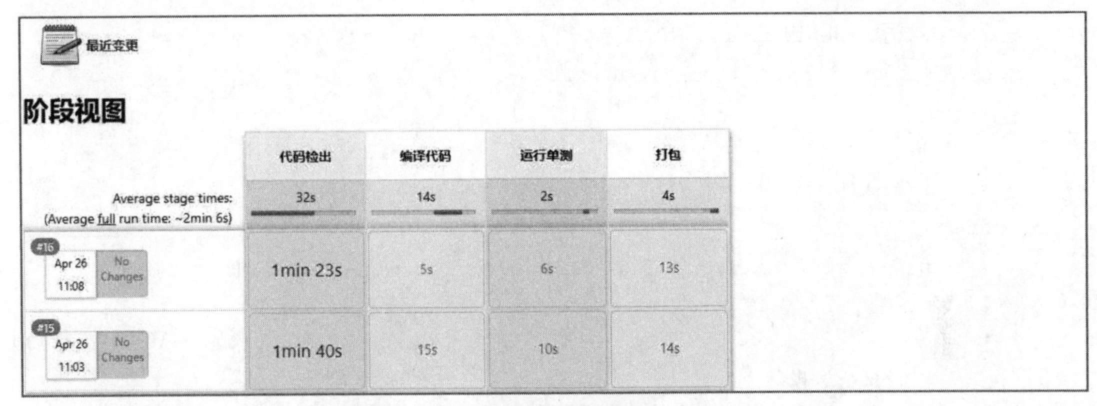

（b）流水线阶段视图界面

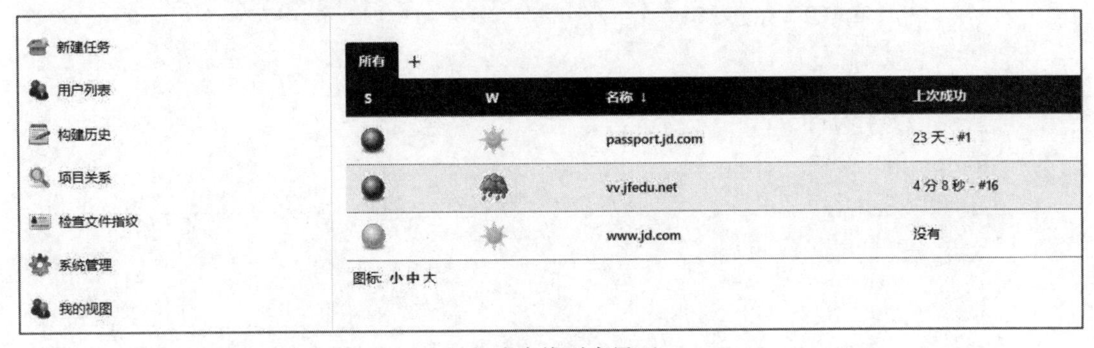

（c）流水线列表界面

图 6-9　流水线控制台、阶段视图及列表界面

6.8　部署流水线案例实战五

（1）新建一个任务，目标是下载源代码，通过 Maven 编译后打包并利用 Ansible 部署至远程服务器，填写任务名称为 vv.jfedu.net，类型选择为流水线，如图 6-3 所示。

（2）打开任务，找到流水线脚本配置，填写如下代码，结果如图 6-10 所示。

```
pipeline {
agent any
//stages  流程节点的组合,包括多个 stage
stages {
    //某一个流水线节点
    stage('迁出代码') {
        //steps stage 中具体要做的事情
        steps {
        git credentialsId: '1c86e097-1adc-4282-a1cb-a2ba165eb4de', url:
'git@172.16.108.131:/data/jfedu.git'
      }
    }
    stage ('编译代码') {
    steps {
        sh 'source /etc/profile;/usr/maven/bin/mvn compile'
    }
    }
    stage ('运行单测 ') {
    steps {
         sh 'source /etc/profile;/usr/maven/bin/mvn test'
    }
    }
    stage ('打包') {
    steps {
        sh 'source /etc/profile;/usr/maven/bin/mvn clean package -Dmaven.
test.skip=true'
    }
    }
    stage ('部署 Java 程序') {
    steps {
    sh '''ansible www -m shell -a "mkdir -p /data/backup/'date +%F'/;\\cp -a
/usr/local/tomcat_www/webapps/ROOT/* /data/backup/'date +%F'/"
    ansible www -m copy -a "src=./target/edu.war dest=/usr/local/tomcat_www/
webapps/ROOT/"
    ansible www -m shell -a "cd /usr/local/tomcat_www/webapps/ROOT/;/usr/
java/jdk1.8.0_131/bin/jar -xf edu.war"
    ansible www -m shell -a "rm -rf /usr/local/tomcat_www/webapps/ROOT/
```

```
edu.war"
        ansible www -m shell -a "source /etc/profile;set -m;/usr/local/tomcat_
www/bin/startup.sh"'''
        }
        }
    }
    }
```

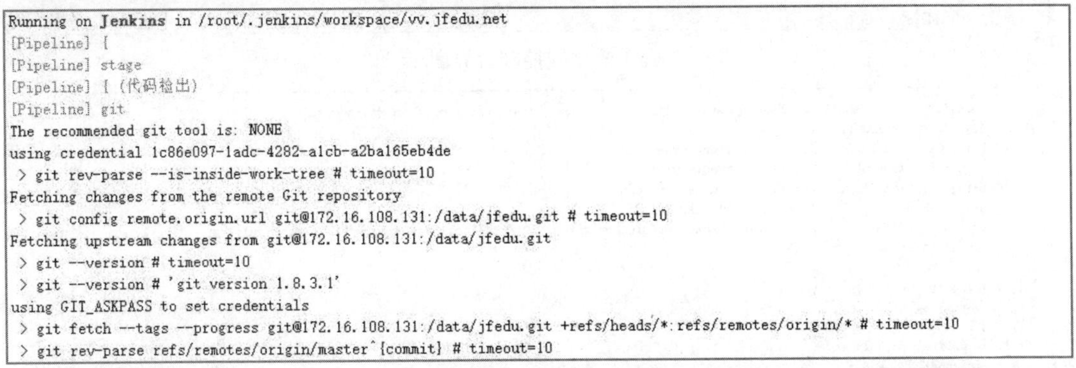

```
Running on Jenkins in /root/.jenkins/workspace/vv.jfedu.net
[Pipeline] {
[Pipeline] stage
[Pipeline] { (代码检出)
[Pipeline] git
The recommended git tool is: NONE
using credential 1c86e097-1adc-4282-a1cb-a2ba165eb4de
 > git rev-parse --is-inside-work-tree # timeout=10
Fetching changes from the remote Git repository
 > git config remote.origin.url git@172.16.108.131:/data/jfedu.git # timeout=10
Fetching upstream changes from git@172.16.108.131:/data/jfedu.git
 > git --version # timeout=10
 > git --version # 'git version 1.8.3.1'
using GIT_ASKPASS to set credentials
 > git fetch --tags --progress git@172.16.108.131:/data/jfedu.git +refs/heads/*:refs/remotes/origin/* # timeout=10
 > git rev-parse refs/remotes/origin/master^{commit} # timeout=10
```

（a）流水线控制台界面

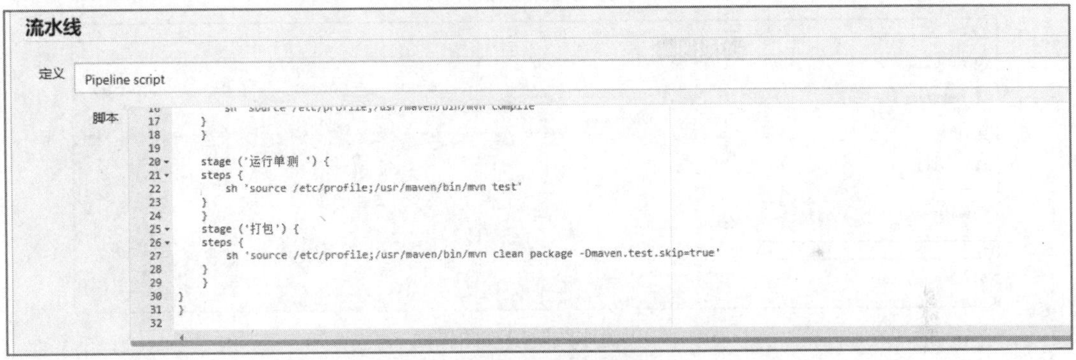

```
流水线

定义  Pipeline script

脚本
16          sh 'source /etc/profile;/usr/maven/bin/mvn compile'
17      }
18      }
19
20      stage ('运行单测 ') {
21      steps {
22          sh 'source /etc/profile;/usr/maven/bin/mvn test'
23      }
24      }
25      stage ('打包') {
26      steps {
27          sh 'source /etc/profile;/usr/maven/bin/mvn clean package -Dmaven.test.skip=true'
28      }
29      }
30  }
31  }
32
```

（b）流水线脚本配置界面

图 6-10　流水线控制台界面和脚本配置界面

（3）选择使用 Groovy 沙盒运行，Groovy 语法校验在脚本编写时能实时检查语法是否正确，类似 IDE 的功能；沙盒运行主要解决当系统中嵌入 System.exit(0)时会导致整个应用停掉的问题。

（4）执行 vv.jfedu.net 任务，构建任务，查看任务运行控制台，如图 6-11 所示。

```
[Pipeline] { (部署Java程序)
[Pipeline] sh
++ date +%F
++ date +%F
+ ansible www -m shell -a 'mkdir -p /data/backup/2021-04-29/;\cp -a /usr/local/tomcat_www/webapps/ROOT/* /data/backup/2021-04-29/'
[WARNING]: Consider using the file module with state=directory rather than
running 'mkdir'.  If you need to use command because file is insufficient you
can add 'warn: false' to this command task or set 'command_warnings=False' in
ansible.cfg to get rid of this message.
127.17.0.2 | CHANGED | rc=0 >>

+ ansible www -m copy -a 'src=./target/edu.war dest=/usr/local/tomcat_www/webapps/ROOT/'
127.17.0.2 | CHANGED => {
    "ansible_facts": {
        "discovered_interpreter_python": "/usr/bin/python"
    },
    "changed": true,
```

（a）流水线控制台界面 1

```
+ ansible www -m shell -a 'source /etc/profile;set -m;/usr/local/tomcat_www/bin/startup.sh'
127.17.0.2 | CHANGED | rc=0 >>
Using CATALINA_BASE:   /usr/local/tomcat_www
Using CATALINA_HOME:   /usr/local/tomcat_www
Using CATALINA_TMPDIR: /usr/local/tomcat_www/temp
Using JRE_HOME:        /usr/java/jdk1.8.0_131
Using CLASSPATH:       /usr/local/tomcat_www/bin/bootstrap.jar:/usr/local/tomcat_www/bin/tomcat-juli.jar
Tomcat started.
[Pipeline] }
[Pipeline] // stage
[Pipeline] }
[Pipeline] // node
[Pipeline] End of Pipeline
Finished: SUCCESS
```

（b）流水线控制台界面 2

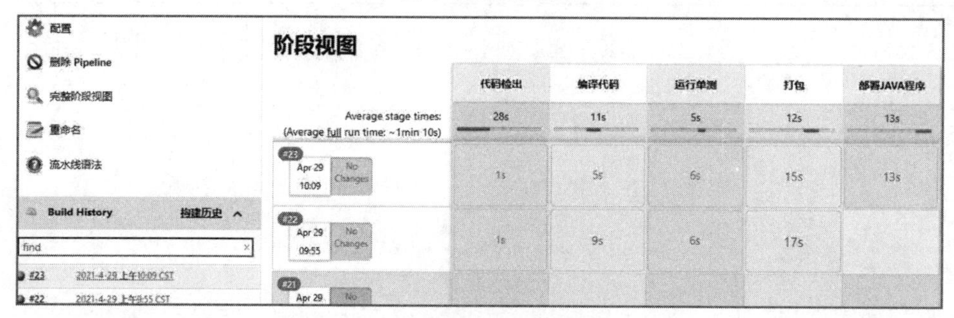

（c）流水线阶段视图界面

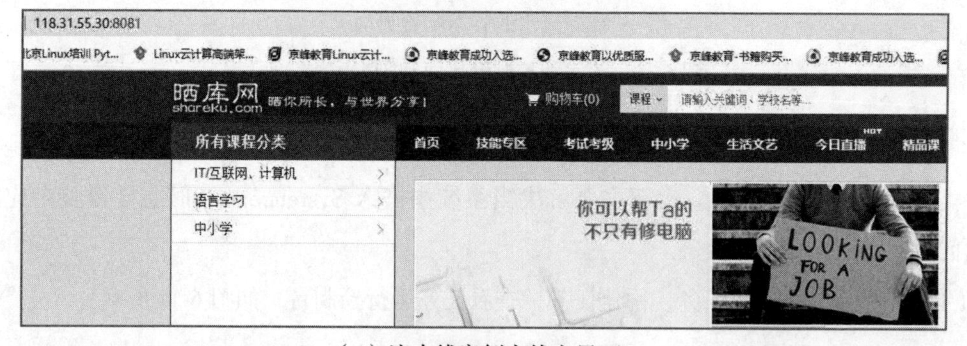

（d）流水线案例实战主界面

图 6-11　流水线案例实战界面